职业技术教育土木工程专业规划教材

土木工程材料实验指导书

（第 2 版）

曹建生　主编

西南交通大学出版社

·成　都·

图书在版编目（ＣＩＰ）数据

土木工程材料实验指导书 / 曹建生主编. —2 版.
—成都：西南交通大学出版社，2014.8（2019.1 重印）
职业技术教育土木工程专业规划教材
ISBN 978-7-5643-3353-9

Ⅰ. ①土… Ⅱ. ①曹… Ⅲ. ①土木工程 – 建筑材料 –
实验 – 中等专业学校 – 教学参考资料 Ⅳ. ①TU502

中国版本图书馆 CIP 数据核字（2014）第 195094 号

职业技术教育土木工程专业规划教材

土木工程材料实验指导书
（第 2 版）

主编　曹建生

责 任 编 辑	杨　勇
封 面 设 计	米迦设计工作室
	西南交通大学出版社
出 版 发 行	（四川省成都市二环路北一段 111 号
	西南交通大学创新大厦 21 楼）
发 行 部 电 话	028-87600564　87600533
邮 政 编 码	610031
网　　　址	http: //www. xnjdcbs. com
印　　　刷	成都蓉军广告印务有限责任公司
成 品 尺 寸	185 mm × 260 mm
印　　　张	13
字　　　数	319 千字
版　　　次	2014 年 8 月第 2 版
印　　　次	2019 年 1 月第 6 次
书　　　号	ISBN 978-7-5643-3353-9
定　　　价	26.00 元

第 2 版前言

随着建设行业的快速发展，我国在土木工程新材料、新工艺等方面都取得了许多新的成果。近年来颁布了一些新的标准、规程和规范。为紧跟行业新技术的发展步伐，适应新标准和规范的要求，改正第 1 版教材中与新标准、规程和规范表述不相吻合的内容，也弥补第 1 版教材在使用过程中的不足，因此，对 2010 年出版的教材按以下原则重新编写。

增补的标准主要为《公路工程沥青及沥青混合料试验规程》（JTGE20—2011）、《水泥标准稠度用水量、凝结时间、安定性检测方法》（GB/T1346—2011）、《建筑用碎石、卵石》（GB/T14685—2011）、《普通混凝土配合比设计规程》（JGJ55—2011）。

编　者
2014 年 7 月

第 1 版前言

工程试验检测工作是工程施工技术管理中的一个重要组成部分，同时，也是工程施工质量控制和竣工验收评定工作中不可缺少的一个主要环节。通过试验检测能充分地利用当地原材料，能迅速推广应用新材料、新技术和新工艺；能用定量的方法科学地评定各种材料和构件的质量；能合理地控制并科学地评定工程质量。因此，工程试验检测工作对于提高工程质量、加快工作进度、降低工程造价、推动工程施工技术进步，将起到极为重要的作用。工程试验检测技术是一门正在发展的新学科，它融合试验检测基本理论和测试操作技能及工程相关学科基础知识于一体，是工程设计参数确定、施工质量控制、施工验收评定、养护管理决策及各种技术规范和规程修定的主要依据。

工程试验所担负的任务是：按照国家和部颁的有关技术标准及时对工程原材料、半成品及构筑物实体，准确地进行必要的检测试验，当对有出厂合格证或其他技术证件的原材料持有疑问时，要进行抽样试验，监督检查施工中所用原材料是否经济合理，努力推行有关的新技术、新工艺、新材料，推进本行业的技术进步，进行探讨性的理论研究，验证已有理论的正确性。

工程试验中所得到的数据是评价、选择材料的依据，为了得到准确的结果，必须使用标准的试验方法，符合国标规定的检测试验设备，同时须制订严密的质量保证体系，以保证检测试验结果在不同的试验室，或同一试验室前后多次试验时，有一定的可靠性的可比性。国家《标准化法》中规定："一切工程建设的设计和施工，都必须按照标准进行，不符合标准的工程设计不得施工，不符合标准的工程不得验收。"因此，从一开始我们必须养成良好的习惯，以严谨认真的科学态度对待每项试验、每个检测试验数据，认真如实地填写试验记录并按规程规范规定的方法评定试验结果，严肃认真地填写检测报告，试验方法必须遵循有关标准的规定。我国有国家标准、部颁标准、行业标准、企业标准，企业标准的各项质量指标均不得低于同类产品的国家标准；在国际上有国际标准化组织推荐的标准（ISO）以及各国标准。标准是随着科学进步不断更新的，所以同学们在工作过程中须注意新标准颁发的情况。

编者依据工地常规试验的要求，参考最新试验的标准规范，并结合我校具体试验教学过程和试验设备条件为主要内容编写了这本工程试验检测指导书，供试验课以及试验员岗位培训、试验实训参考使用。

本书编写过程仓促，疏漏之处在所难免，恳请各位读者批评指正，以便及时修订。

编 者

2010 年 5 月

试 验 须 知

为了使试验顺利进行，达到预期目的，应注意下列事项：

一、做好试验前的准备工作

1. 按每次试验的预习要求，认真预习试验指导书，复习有关理论知识，明确试验目的，掌握试验原理，了解试验步骤和方法。

2. 对试验中所用到的仪器设备、试验装置等应了解其工作原理，对其操作注意事项应特别重视。

3. 必须清楚地知道本试验需记录的数据的处理方法，事前准备好记录表格。

4. 除试验指导书中规定的试验方案外，学生也可根据试验目的、试验原理自己设计试验方案，经试验指导教师审核后进行试验。

5. 试验小组各成员要明确分工，对自己担负的试验工作做到胸中有数并负起责任，使试验工作顺利完成。

二、严格遵守试验的规章制度

1. 按课程表规定的时间准时进入试验室，保持室内整洁、安静。

2. 经试验指导老师同意，不得动用试验室内的机器、仪器等一切设备。

3. 在试验时，应严格按照操作规程操作试验仪器、设备，如发生故障，应及时报告，不得擅自处理。

4. 在试验结束后，应将所用仪器、设备擦拭干净，并恢复到正常状态。

5. 认真接受试验指导老师对预习情况的抽查，注意听好老师对试验内容的讲解。

6. 在试验时，要严肃认真、相互配合，认真仔细地按试验步骤方法逐步进行。

7. 在试验过程中，要密切注意对试验对象的观察，记录下全部所需测量的试验数据。

8. 学生试验是培养学生动手能力的一个重要环节，小组成员虽有一定的分工，但要及时轮换，每个学生都应自己动手完成所有的试验环节。

9. 学生自己设计的试验方案，在完成规定的试验项目后，经指导老师同意方可进行。

10. 试验原始记录需交试验指导老师审阅签字，若不符合要求应重做。

三、注意试验报告的一般要求

试验报告是对所做试验的综合反映，通过试验报告的书写，能培养学生准确有效地用文字来表达试验结果的能力，这是一项业务技术能力的培训。因此，要求学生在动手完成试验的基础上，用自己的语言文字扼要地叙述试验目的、原理、步骤和方法，所使用的设备和仪器的名称与型号及精度与量程，能进行数据计算，分析试验结果，就试验中和理论上的一些问题进行探讨分析，独立地写出试验报告，并做到字迹端正、绘图清晰、表格简明。基于这一愿望出发，同学们一定要填好试验综述一栏，并认真完成思考题。

目　录

第一章
砂石材料试验

试验一　细集料筛分试验

（GB/T 1464—2011）

一、试验目的及适用范围

测定细集料（天然砂、人工砂、石屑）的颗粒级配及粗细程度。对水泥混凝土用细集料可采用干筛法，如果需要也可采用水洗法筛分；对沥青混合料及基层用细料必须用水洗法筛分。

注：当细集料中含有粗集料时，可参照此方法用水洗法筛分但需特别注意保护标准筛筛面不遭损坏。

二、仪具与材料

（1）方孔筛：规格为 9.5 mm、4.75 mm、2.36 mm、1.19 mm、0.6 mm、0.3 mm、0.15 mm 各 1 只，并有筛底和筛盖。

（2）天平：称量 1 000 g，感量不大于 1 g。

（3）摇筛机。

（4）烘箱：能控制温度在 105 ℃ ± 5 ℃。

（5）其他：浅盘和硬、软毛刷等。

三、试验准备

按规定取样，用 9.5 mm 筛（水泥混凝土用天然砂）或 4.75 mm（沥青路面及基层用天然砂、石屑、机制砂等）筛除去其中的超粒径材料（并算出筛余百分率）；然后将样品在潮湿状态下充分拌匀，用分料器法或四分法缩分至每份不少于 550 g 的试样两份；在 105 ℃ ± 5 ℃ 的烘箱中烘干至恒重，冷却至室温后备用。

注：恒重系指相邻两次称量间隔时间大于 3 h（通常不小于 6 h）的情况下，前后两次称量之差小于该项试验所要求的称量精密度（下同）。

四、试验步骤

1. 干筛法试验步骤

（1）称取烘干试样约 500 g（m_0），准确至 1 g，置于套筛的最上面一只，即 4.75 mm 筛上，将套筛装入摇筛机，摇筛约 10 min，然后取出套筛，再按筛孔大小顺序，从最大的筛号开始，在清洁的浅盘上逐个进行手筛，筛至每分钟的通过量小于试样总质量的 0.1% 时为止，通过的试样颗粒并入下一号筛，和下一号筛中的试样一起过筛，以此顺序进行至各号筛全部筛完为止。

注：① 试样如为特细砂时，试样质量可减少到 100 g。

② 如试样含泥量超过 5%，不宜采用干筛法。

③ 无摇筛机时，可直接用手筛。

（2）称出各号筛的筛余量，精确至 1 g。试样在各号筛的筛余量不得超过式（1.1）计算的量。

$$G = \frac{A \times \sqrt{d}}{200} \tag{1.1}$$

式中　G——在一个筛上的筛余量（g）；

　　　A——筛面面积（mm^2）；

　　　d——筛孔尺寸（mm）。

超过时应按下列方法之一处理：

① 将该粒级试样分成少于上式计算出的量，分别筛分，并以筛余量之和作为该号筛的筛余量。

② 将该粒级以下各粒级的筛余混合均匀，称出其质量，精确至 1 g，再用四分法缩分为大至相等的两份，取其中一份，称出其质量，精确至 1 g，继续筛分。计算该粒级及以下各粒级的分计筛余时应根据缩分比例进行修正。

所有各筛的分计筛余量和底盘中剩余量之和与原试样质量（m_1）之差超过 1% 时，应重新试验。

2. 水洗法试验步骤

（1）称取烘干试样约 500 g（m_1），准确至 1 g。

（2）将试样置一洁净容器中，加入足够数量的洁净水，将集料全部淹没。

（3）充分搅动集料，将集料表面洗涤干净，使细粉悬浮在水中，但不得有集料从水中溅出。

（4）取 1.18 mm 及 0.075 mm 筛组成套筛。仔细将容器中混有细粉的悬浮液徐徐倒出，经过套筛流入另一容器，但不得将集料倒出。

注：不可直接倒至 0.075 mm 筛上，以免集料掉出损坏筛面。

（5）按（2）~（4）步骤，直至倒出的水洁净且小于 0.075 mm 的颗粒全部倒出。

（6）将容器中的集料倒入搪瓷盆中，用少量水冲洗，使容器上黏附的集料颗粒全部进入搪瓷盆中。将筛子反扣过来，用少量的水将筛上的集料冲入搪瓷盆中。操作过程中不得有集料散失。

（7）将搪瓷盆连同集料一起置 105 ℃ ± 5 ℃ 烘箱中烘干至恒重，称取干燥器集料试样的总质量（m_2），准确称量至 0.1%。m_1 与 m_2 之差即为通过 0.075 mm 筛的部分。

（8）将全部要求筛孔组成套筛（但不需 0.075 mm 筛），将已经洗去小于 0.075 mm 部分的干燥器集料置于套筛上（通常为 4.75 mm 筛），将套筛装入摇筛机，摇筛约 10 min，然后取出套筛，再按筛孔大小顺序，从最大的筛号开始，在清洁的浅盘上逐个进行手筛，直到每分钟的筛出量不超过筛上剩余量的 0.1% 时为止，将筛出通过的颗粒并入下一号筛，和下一号筛中的试样一起过筛，这样顺序进行，直至各号筛全部筛完为止。

注：如为含有粗集料的集料混合料，套筛筛孔根据需要选择。

（9）称量各筛筛余试样的质量，精确至 0.5 g。所有各筛的分计筛余量和底盘中剩余量的总质量与筛分前试样总量 m_2 的差值不得超过后者的 1%。

五、试验结果与评定

（1）计算分计筛余百分率：

各号筛上的筛余量除以试样总量（m_1）之比。精确至 0.1%。对沥青路面细集料而言，0.15 mm 筛下部分即为 0.075 mm 的分计筛余，由上面水洗法试验步骤中（7）测得的 m_1 与 m_2 之差即为小于 0.075 mm 的筛底部分。

（2）计算累计筛余百分率：

该号筛的分计筛余百分率加上该号筛以上的各号筛的分计筛余百分率之和，精确至 0.1%。

（3）计算质量通过百分率：

各号筛的质量通过百分率等于 100 减去该号筛的累计筛余百分率，精确至 0.1%。

（4）根据各筛的累计筛余百分率或通过百分率，绘制级配曲线。

（5）天然砂的细度模数按下式计算，精确至 0.01。

$$M_x = \frac{A_{0.15} + A_{0.3} + A_{0.6} + A_{1.18} + A_{2.36} - 5A_{4.75}}{100 - A_{4.75}} \tag{1.2}$$

式中　M_x——砂的细度模数；

$A_{0.15}, A_{0.3}, \cdots, A_{4.75}$——0.15 mm，0.3 mm，$\cdots$，4.75 mm 各筛上的累计筛余百分率（%）。

（6）应进行两次平行试验，以试验结果的算术平均值作为测定值。累计筛余百分率的平均值，精确至 1%。各号筛的累计筛余百分率，采用修约值比较法评定该试样的颗粒级配。细度模数平均值，精确至 0.1。如两次试验所得的细度模数之差大于 0.2，应重进行试验。试验记录见表 1.1。

表 1.1　细集料技术性能试验记录

项目名称				取样地点		
使用范围				试验规程		
试验单位				试验日期		
试样质量	I =		g	II =		g

筛孔尺寸/mm	分计筛余/g		分计筛余百分率/%		累计筛余百分率/%			级配曲线
	I	II	I	II	I	II	平均值	
								100
								90
					A_1	A_1		80
					A_2	A_2		70
					A_3	A_3		50 60
					A_4	A_4		30 40
					A_5	A_5		20
					A_6	A_6		10
筛底								0

级配曲线纵轴：累计筛余/%　横轴：粒径/mm

砂的细度模数	$M_x = [(A_2 + A_3 + A_4 + A_5 + A_6) - 5A_1] / (100 - A_1)$	I	
		II	
		平均值	

结　　论	属　　　　　砂，颗粒级配处于　　　　区，级配

试验者＿＿＿＿＿　　　组别＿＿＿＿＿　　　成绩＿＿＿＿＿　　　试验日期＿＿＿＿＿

试验二　细集料表观密度试验（容量瓶法）

（GB/T 1464—2011）

一、试验目的及适用范围

测定砂的表观密度。

砂的表观密度是砂单位体积（含材料的实体矿物成分及闭口孔隙体积）物质颗粒的干质量，为空隙率计算和水泥混凝土配合比设计提供数据。

二、仪器设备

（1）天平：称量 1 kg，感量 0.1 g。

（2）容量瓶：500 mL。

（3）烘箱：能使温度控制在 105 ℃ ± 5 ℃。

（4）烧杯：500 mL。

（5）蒸馏水。

（6）其他：干燥器、浅盘、料勺、滴管、毛刷、温度计等。

三、试样制备

按规定取样，并将试样缩分至约 650 g，放在干燥箱中于 105 ℃ ± 5 ℃ 下烘干至恒量，并在干燥器内冷却至室温，分为大至相等的两份备用。

四、试验步骤

（1）称取烘干的试样约 300 g（G_0），精确至 0.1 g，将试样装入容量瓶中。注入 15 ℃～25 ℃ 的温开水，接近刻度线。

（2）摇转容量瓶，使试样在已保温至 23 ℃ ± 2 ℃ 的水中充分搅动以排除气泡，塞紧瓶塞；静置 24 h 左右，然后用滴管添水，使水面与瓶颈刻度线平齐，再塞紧瓶塞，擦干瓶外水分，称其总质量（G_2）。精确至 1 g。

（3）倒出瓶中的水和试样，将瓶的内外表面洗净，再向瓶内注入与上水温相差不超过 2 ℃ 的蒸馏水至瓶颈刻度线，塞紧瓶塞，擦干瓶外水分，称其总质量（G_1）。

注：在砂的表观密度试验过程中应测量并控制水的温度，试验的各项称量可以在 15 ℃～25 ℃ 的范围内进行。但从试样加水静置的最后 2 h 起直至试验结束，其温度相差不应超过 2 ℃。

五、试验结果计算与评定

表观密度 ρ_0 按式（1.3）计算，准确至小数点后 3 位。

$$\rho_0 = \left(\frac{G_0}{G_0 + G_2 - G_1} - \alpha_t \right) \times \rho_{水} \tag{1.3}$$

式中　ρ_0——细集料的表观密度（g/cm³）；

$\rho_{水}$——1000，单位为千克每立方米（kg/m³）；

α_t——试验时的水温对水的密度影响的修正系数，见表 1.2；

G_0——烘干试样的质量，单位为克（g）；

G_1——试样，水及容量瓶的总质量，单位为克（g）；

G_2——水及容量瓶的总质量，单位为克（g）。

表 1.2　不同水温时水的密度 ρ_T 及水温修正系数 α_t

水温/°C	15	16	17	18	19	20
水的密度 ρ_T/(g/cm³)	0.999 13	0.998 97	0.998 80	0.998 62	0.998 43	0.998 22
水温修正系数 α_t	0.002	0.003	0.003	0.004	0.004	0.005
水温/°C	21	22	23	24	25	
水的密度 ρ_T/(g/cm³)	0.998 02	0.997 79	0.997 56	0.997 33	0.997 02	
水温修正系数 α_t	0.005	0.006	0.006	0.007	0.007	

以两次平行试验结果的算术平均值作为测定值，如两次结果之差值大于 0.02 g/cm³ 时，应重新取样进行试验。采用修约值比较法进行评定。

记录格式示例见表 1.3。

表 1.3　细集料表观密度（视比重）试验记录

试验次数	试样烘干质量 G_0/g	试样、水加容量瓶的质量 G_2/g	水加容量瓶的质量 G_1/g	表观密度 ρ_a/(g/cm³)		备　注
				个别	平均	
1						
2						

试验者＿＿＿＿＿＿　　　组别＿＿＿＿＿＿　　　成绩＿＿＿＿＿＿　　　试验日期＿＿＿＿＿＿

试验三　细集料堆积密度及紧装密度试验

（GB/T 1464—2011）

一、试验目的及适用范围

测定砂在自然状态下的堆积密度、紧装密度并计算空隙率，为水泥混凝土配合比设计提供数据。

二、仪器设备

（1）天平：称量 10 kg，感量 1 g。

（2）容量筒：金属制，圆筒形，内径 108 mm，净高 109 mm，筒壁厚 2 mm，筒底厚 5 mm，容积约为 1 L。

（3）标准漏斗（图 1.1）。

（4）烘箱：能使温度控制在 105 ℃ ± 5 ℃。

（5）方孔筛：4.75 mm 的筛 1 只。

（6）垫棒：直径 10 mm，长 500 mm 的圆钢。

（7）其他：直尺、漏斗、料勺、浅盘、毛刷等。

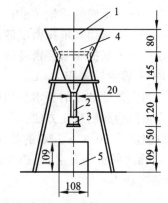

图 1.1　标准漏斗（尺寸单位：mm）

1—漏斗；2—ϕ20 mm 管子；3—活动门；
4—筛；5—金属量筒

三、试样制备

按规定取样，用浅盘装试样约 3 L，在温度为 105 ℃ ± 5 ℃ 的烘箱中烘干至恒量，取出并冷却至室温，筛除大于 4.75 mm 的颗粒，分成大致相等的两份备用。

注：试样烘干后如有结块，应在试验前先捏碎。

四、试验步骤

1. 堆积密度

将试样装入漏斗中，打开底部的活动门，将砂流入容量筒中，也可直接用小勺向容量筒中心上方徐徐倒入试样，但漏斗出料口或料勺距容量筒筒口均应为 50 mm 左右，直至试样装满并超出容量筒筒口（呈堆体），用直尺将多余的试样沿筒口中心线向两个相反方向刮平（试验过程中应防止触动容量筒），称取质量（G_1）。精确至 1 g。

2. 紧装密度

取试样 1 份，分两层装入容量筒，装完一层后，在筒底垫放一根直径为 10 mm 的钢筋，将筒按住，左右交替颠击地面各 25 下，然后再装入第二层。第二层装满后用同样方法颠实（但筒底所垫钢筋的方向应与第一层放置方向垂直）。二层装完并颠实后，添加试样超出容量筒筒口，然后用直尺将多余的试样沿筒口中心线向两个相反方向刮平，称其质量（G_2）。精确至 1 g。

五、试验结果计算整理

（1）堆积密度 ρ 及紧装密度 ρ' 分别按式（1.4）和式（1.5）计算，精确至 0.01 g/cm^3。

$$\rho = \frac{G_1 - G_0}{V} \tag{1.4}$$

$$\rho' = \frac{G_2 - G_0}{V} \tag{1.5}$$

式中 ρ——砂的堆积密度（g/cm³）;

ρ'——砂的紧装密度（g/cm³）;

G_0——容量筒的质量（g）;

G_1——容量筒和堆积密度砂总质量（g）;

G_2——容量筒和紧装密度砂总质量（g）;

V——容量筒容积（mL）。

以两次试验结果的算术平均值作为测定值。

容量筒容积的校正方法：

以温度为 20 ℃ ± 2 ℃ 的洁净水装满容量筒，用玻璃板沿筒口滑移，使其紧贴水面，玻璃板与水面之间不得有空隙。擦干筒外壁水分，然后称出其质量（ m_2' ），精确至 1 g。用式（1.6）计算筒的容积 V。

$$V = m_2' - m_1' \tag{1.6}$$

式中 m_1' ——容量筒和玻璃板总质量（g）;

m_2' ——容量筒、玻璃板和水总质量（g）。

（2）砂的空隙率按式（1.7）计算，准确至1%。

$$V_0 = \left(1 - \frac{\rho}{\rho_a}\right) \times 100 \tag{1.7}$$

式中 V_0——砂的空隙率（%）;

ρ——砂的堆积或紧装密度（g/cm³）;

ρ_a——砂的表观密度（g/cm³）。

记录格式示例见表1.4、表1.5及表1.6。

表1.4 砂的堆积密度试验记录

试验次数	容量筒体积 V/mL	容量筒质量 G_0/g	容量筒和堆积密度砂总质量 G_1/g	砂质量 $(G_1 - G_0)$/g	堆积密度 ρ/（g/cm³）		备注
					个别	平均	
1							
2							

试验者_____ 组别_____ 成绩_____ 试验日期_____

表1.5 砂的紧装密度试验记录

试验次数	容量筒体积 V/mL	容量筒质量 G_0/g	容量筒和紧装密度砂总质量 G_2/g	砂质量 $(G_2 - G_0)$/g	紧装密度 ρ'/（g/cm³）		备注
					个别	平均	
1							
2							

试验者_____ 组别_____ 成绩_____ 试验日期_____

表 1.6　砂的空隙率计算

试验次数	砂的堆积密度 ρ / (g/cm^3)	砂的表观密度 ρ_a / (g/cm^3)	砂的空隙率 V_0 / %	备　注
1				
2				

试验者_____　　组别_____　　成绩_____　　试验日期_____

试验四　细集料含泥量试验

（ GB/T 1464—2011 ）

一、试验目的及适用范围

本方法仅用于测定天然砂中粒径小于 0.075 mm 的尘屑、淤泥和黏土的含量。不适用于人工砂、石屑等矿粉成分较多的细集料。

二、仪器设备

（1）鼓风烘箱：能使温度控制在 105 ℃ ± 5 ℃。
（2）天平：称量 1 000 g，感量 0.1 g。
（3）方孔筛：孔径为 750 μm 及 1.18 mm 的筛各 1 只。
（4）容器：要求淘洗试样时，保持试样不溅出（深度大于 250 mm）。
（5）搪瓷盘、毛刷等。

三、试验步骤

（1）将试样缩分至约 1 100 g，放在烘箱中于 105 ℃ ± 5 ℃ 下烘干至恒量，待冷却至室温后，分为大致相等的两份备用。
（2）称取试样 500 g，精确至 0.1 g。将试样倒入淘洗容器中，注入清水，使水面高于试样面约 150 mm，充分搅拌均匀后，浸泡 2 h，然后用手在水中淘洗试样，使尘屑、淤泥和黏土与砂粒分离，把浑水缓缓倒入 1.18 mm 及 75 μm 的套筛上（1.18 mm 筛放在 75 μm 筛上面），滤去小于 75 μm 的颗粒。试验前筛子的两面应先用水润湿，在整个过程中应小心防止砂粒流失。
（3）再向容器中注入清水，重复上述操作，直至容器内的水目测清澈为止。

（4）用水淋洗剩余在筛上的细粒，并将 75 μm 筛放在水中（使水面略高出筛中砂粒的上表面）来回摇动，充分洗掉小于 75 μm 的颗粒，然后将两只筛的筛余颗粒和清洗容器中已经洗净的试样一并倒入搪瓷盘，放在烘箱中于 105 ℃ ± 5 ℃ 下烘干至恒量，待冷却至室温后，称出其质量，精确至 0.1 g。

四、结果计算与评定

含泥量按式（1.8）计算，精确至 0.1%：

$$Q_a = \frac{G_0 - G_1}{G_0} \times 100 \qquad (1.8)$$

式中　Q_a——含泥量（%）；

　　　G_0——试验前烘干试样的质量（g）；

　　　G_1——试验后烘干试样的质量（g）。

含泥量取两个试样的试验结果算术平均值作为测定值。

五、记录结果计算

记录格式见表 1.7。

表 1.7　含泥量试验记录

试验次数	试验前的烘干试样质量 G_0/g	试验后的烘干试样质量 G_1/g	含泥量 = $(G_0 - G_1)/G_0 \times 100\%$	平均值/%
1				
2				

试验者＿＿＿＿＿　　组别＿＿＿＿＿　　成绩＿＿＿＿＿　　试验日期＿＿＿＿＿

试验五　细集料泥块含量试验

（GB/T 1464—2011）

一、试验目的及适用范围

测定水泥混凝土用砂中颗粒大于 1.18 mm 的泥块含量。

二、仪器设备

（1）鼓风烘箱：能使温度控制在 105 ℃ ± 5 ℃。

（2）天平：称量 1 000 g，感量 0.1 g。

（3）方孔筛：孔径为 600 μm 及 1.18 mm 的筛各 1 只。

（4）容器：要求淘洗试样时，保持试样不溅出（深度大于 250 mm）。

（5）搪瓷盘、毛刷等。

三、试验步骤

（1）按规定取样，并将试样缩分至约 5 000 g，放在烘箱中于 105 ℃ ± 5 ℃ 下烘干至恒量，待冷却至室温后，筛除小于 1.18 mm 的颗粒，分为大致相等的两份备用。

（2）称取试样 200 g，精确至 0.1 g。将试样倒入淘洗容器中，注入清水，使水面高于试样面约 150 mm，充分搅拌均匀后，浸泡 24 h。然后用手在水中碾碎泥块再把试样放在 600 μm 筛上水淘洗，直至容器内的水目测清澈为止。

（3）保留下来的试样小心地从筛中取出，装入浅盘后，放在烘箱中于 105 ℃ ± 5 ℃ 下烘干至恒量，待冷却至室温后，称出其质量，精确至 0.1 g。

四、结果计算与评定

（1）泥块含量按式（1.9）计算，精确至 0.1%：

$$Q_b = \frac{G_1 - G_2}{G_1} \times 100 \qquad (1.9)$$

式中　Q_b——砂中大于 1.18 mm 泥块含量（%）；

　　　G_1——1.18 mm 筛筛余试样的质量（g）；

　　　G_2——试验后烘干试样的质量（g）。

（2）泥块含量取两次试验结果的算术平均值，精确至 0.1%。记录格式见表 1.8。

表 1.8　细集料泥块含量试验记录

试验次数	试验前烘干试样质量 G_0/g	试验后烘干试样质量 G_1/g	含泥量 $Q_0 = (G_0 - G_1)/G_0 \times 100\%$	平均值/%
1				
2				

试验者＿＿＿＿＿　　组别＿＿＿＿＿　　成绩＿＿＿＿＿　　试验日期＿＿＿＿＿

试验六　粗集料的筛分试验

（GB/T 1465—2011）

一、试验目的及范围

测定粗集料（碎石、砾石、矿渣等）的颗粒组成。对水泥混凝土用粗集料可采用干筛法筛分，对沥青混合料及基层用粗集料必须采用水洗法试验。

二、仪器与设备

（1）鼓风干燥箱：温度控制在 105 ℃ ± 5 ℃。

（2）天平：称量 10 kg，感量 1 g。

（3）方孔筛：孔径为 2.36 mm，4.75 mm，9.5 mm，16.0 mm，19.0 mm，26.5 mm，31.5 mm，37.5 mm，53.0 mm，63.0 mm，75.0 mm，90 mm 的筛各 1 只。并附有筛底和筛盖。

（4）摇筛机。

（5）搪瓷盘等。

三、试样准备

按表 1.9 规定取样，并将试样缩分至略大于表 1.10 规定的数量，烘干或风干后备用。

表 1.9　单项试验最少取样数量

序号	粒径/mm　　试验项目	9.5	16.0	19.0	26.5	31.5	37.5	63.0	75.0
1	颗粒级配/kg	9.5	16.0	19.0	26.5	31.5	37.5	63.0	80.0

表 1.10　颗粒级配试验所需试样数量

最大粒径/mm	9.5	16.0	19.0	26.5	31.5	37.5	63.0	75.0
最少试样质量/kg	1.9	3.2	3.8	5.0	6.3	7.5	12.6	16.0

四、试验步骤

（1）根据试样的最大粒径，称取按表中规定数量试样一份，精确到 1 g。

（2）将试样倒入——按孔径大到小从上到下组合的套筛上，然后进行筛分。

（3）将套筛置于摇筛机上，摇 10 min；取下套筛，按筛孔大小顺序再逐个用手筛，筛至每分钟通过量小于试样总量的 0.1%为止。通过的颗粒并入下一号筛中，并和下一号筛中的试样一起过筛，这样顺序进行，直至各号筛全部筛完为止。当筛余颗粒的粒径大于 19.0 mm 时，在筛分过程中，允许用手指拨动颗粒。称出各号筛的筛余量，精确至 1 g。

五、结果计算与评定

（1）计算分计筛余百分率：各号筛的筛余量与试样总质量之比，精确至 0.1%。

（2）计算累计筛余百分率：该号筛及以上各筛的分计筛余百分率之和，精确至 1%。筛分后，如每号筛的筛余量与筛底的筛余量之和同原试样质量之差超过 1%时，应重新试验。

根据各号筛的累计筛余百分率，采用修约值比较法评定该试样的颗粒级配。

（3）同一种集料至少取两个试样平行试验两次，取平均值作为每号筛上筛余量的试验结果，报告集料级配组成通过百分率及级配曲线，粗集料筛分试验记录表示例见表 1.11。

表 1.11　粗集料筛分试验记录

取样地点				试验规程编号		
试样质量/kg				筛　分　曲　线		
筛孔直径 /mm	分计筛余 /g	分计筛余 百分率/%	累计筛余 百分率/%			
①	②	③	④			
筛底 $m_{底}$/g						
筛分后总量 $\sum m_i$/g						

（筛分曲线图：纵轴为累计筛余/%，刻度 0、10、20、30、40、50、60、70、80、90、100；横轴为粒径/mm）

试验者＿＿＿＿＿＿　　组别＿＿＿＿＿＿　　成绩＿＿＿＿＿＿　　试验日期＿＿＿＿＿＿

13

试验七 粗集料及集料混合料的筛分试验

（JTG E42—2005）

一、试验目的及适用范围

（1）测定粗集料（碎石、砾石、矿渣等）的颗粒组成。对水泥混凝土用粗集料可采用干筛法筛分，对沥青混合料及基层用粗集料必须采用水洗法试验。

（2）本方法也适用于同时含有粗集料、细集料、矿粉的集料混合料筛分试验，如未筛碎石、级配碎石、天然砂砾、级配砂砾、无机结合料稳定基层材料、沥青拌和楼的冷料混合料、热料仓材料等。

二、仪具与材料

（1）试验筛：根据需要选用规定的标准筛。

（2）摇筛机。

（3）天平或台秤：感量不大于试样质量的 0.1%。

（4）其他：盘子、铲子、毛刷等。

三、试验准备

按规定将来料用分料器或四分法缩分至表 1.12 要求的试样所需量，风干后备用。根据需要可按要求的集料最大粒径的筛孔尺寸过筛，除去超粒径部分颗粒后，再进行筛分。

表 1.12 筛分用的试样质量

公称最大粒径/mm	75	63	37.5	31.5	26.5	19	16	9.5	4.75
试样质量不少于/kg	10	8	5	4	2.5	2	1	1	0.5

四、水泥混凝土用粗集料干筛法试验步骤

（1）取试样一份置 105 ℃ ± 5 ℃ 烘箱中烘干至恒重，称取干燥集料试样的总质量（m_0），准确至 0.1%。

（2）用搪瓷盘作筛分容器，按筛孔大小排列顺序逐个将集料过筛。当人工筛分时，需使集料在筛面上同时有水平方向及上下方向的不停顿的运动，使小于筛孔的集料通过筛孔，直至 1 min 内通过筛孔的质量小于筛上残余量的 0.1% 为止；当采用摇筛机筛分时，应在摇

筛机筛分后再逐个由人工补筛。将筛出通过的颗粒并入下一号筛，和下一号筛中的试样一起过筛，顺序进行，直至各号筛全部筛完为止。应确认 1 min 内通过筛孔的质量确实小于筛上残余量的 0.1%。

注：由于 0.075 mm 的筛干筛几乎不能把沾在粗集料表面的小于 0.075 mm 部分的石料筛过去，而且对水泥混凝土用粗集料而言 0.075 mm 通过率的意义不大，所以也可以不筛，且把通过 0.15 mm 筛的筛下部分全部作为 0.075 mm 的分计筛余，将粗集料的 0.075 mm 通过率假设为 0。

（3）如果某个筛上的集料过多，影响筛分作业时，可以分两次筛分。当筛余颗粒的粒径大于 19 mm 时，在筛分过程中允许用手指轻轻拨动颗粒，但不得逐颗塞过筛孔。

（4）称取每个筛上的筛余量，准确至总质量的 0.1%。各筛分计筛余量及筛底存量的总和与筛分前试样的干燥总质量 m_0 相比，相差不得超过 m_0 的 0.5%。

五、沥青混合料及基层用粗集料水洗法试验步骤

（1）取一份试样，将试样置 105 °C ± 5 °C 烘箱中烘干至恒重，称取干燥集料试样的总质量（m_3），准确至 0.1%。

注：恒重系指相邻两次称量间隔时间大于 3 h（通常不少于 6 h）的情况下，前后两次称量之差小于该项试验所要求的称量精密度。

（2）将试样置一洁净容器中，加入足够数量的洁净水，将集料全部淹没，但不得使用任何洗涤剂、分散剂或表面洗性剂。

（3）用搅棒充分搅动集料，使集料表面洗涤干净，使细粉悬浮在水中，但不得破碎集料或有集料从水中溅出。

（4）根据集料粒径大小选择组成一组套筛，其底部为 0.075 mm 标准筛，上部为 2.36 mm 或 4.75 mm 筛。仔细将容器中混有细粉的悬浮液倒出，经过套筛流入另一容器中，尽量不将粗集料倒出，以免损坏标准筛筛面。

注：无需将容器中的全部集料都倒出，只倒出悬浮液。且不可直接至 0.075 mm 筛上，以免集料掉出损坏筛面。

（5）重复（2）~（4）步，直至倒出的水洁净为止，必要时可采用水流缓慢冲洗。

（6）将套筛每个筛子上的集料及容器中的集料全部回收在一个搪瓷盘中，容器上不得有黏附的集料颗粒。

注：沾在 0.075 mm 筛面上的细粉很难回收扣入搪瓷盘中，此时需将筛子倒扣在搪瓷盘上用少量的水并助以毛刷将细粉刷落入搪瓷盘中，并注意不要散失。

（7）在确保细粉不散失的前提下，小心泌去搪瓷盘中的积水，将搪瓷盘连同集料一起置 105 °C ± 5 °C 烘箱中烘干至恒重，称取干燥集料试样的总质量（m_4），准确至 0.1%。以 m_3 与 m_4 之差作为 0.075 mm 的筛下部分。

（8）将回收的干燥集料按干筛方法分出 0.075 mm 筛以下各筛的筛余量，此时 0.075 mm 筛下部分应为 0，如果尚能筛出，则应将其并入水洗得到的 0.075 mm 的筛下部分，且表示水洗得不干净。

六、计　算

1. 干筛法筛分结果的计算

（1）按式（1.10）计算各筛分计筛余量及筛底存量的总和与筛分前试样的干燥总质量 m_0 之差，作为筛分时的损耗，并计算损耗率，记入表 1.13 的第（1）栏。若损耗率大于 0.3%，应重新进行试验。

$$m_5 = m_0 - \left(\sum m_i + m_{底} \right) \qquad (1.10)$$

式中　m_5——由于筛分造成的损耗（g）；

　　　m_0——用于干筛的干燥集料总质量（g）；

　　　m_i——各号筛上的分计筛余（g）；

　　　i——依次为 0.075 mm，0.15 mm…至集料最大粒径的排序；

　　　$m_{底}$——筛底（0.075 mm 以下的部分）集料总质量（g）。

（2）计算干筛分计筛余百分率。

干筛后各号筛上的分计筛余百分率按式（1.11）计算，记入表 1.13 的第（2）栏，精确至 0.1%。

$$p'_i = \frac{m_i}{m_0 - m_5} \times 100 \qquad (1.11)$$

式中　p'_i——各号筛上的分筛余百分率（%）；

　　　m_5——由于筛分造成的损耗（g）；

　　　m_0——用于干筛的干燥集料总质量（g）；

　　　m_i——各号筛上的分计筛余（g）；

　　　i——依次为 0.075 mm，0.15 mm…至集料最大粒径的排序。

（3）计算干筛累计筛余百分率。

各号筛的累计筛余百分率为该号筛以上各号筛的分计筛余百分率之和，记入表 1.13 的第（3）栏，精确至 0.1%。

（4）计算干筛各号筛的质量通过百分率。

各号筛的质量通过百分率 p' 等于 100 减去该号筛累计筛余百分率，记入表 1.13 的第（4）栏，精确至 0.1%。

（5）由筛底存量除以扣除损耗后的干燥集料总质量计算 0.075 mm 筛的通过率。

（6）试验结果以两次试验的平均值表示，记入表 1.13 的第（5）栏，精确至 0.1%。当两次试验结果 $P_{0.075}$ 的差值超过 1% 时，试验应重新进行。

表 1.13　粗集料干筛法筛分记录

干燥试样总量 m_0/g	第 1 组				第 2 组				平均
筛孔尺寸 /mm	筛上重 m_i/g	分计筛余 /%	累计筛余 /%	通过百分率 /%	筛上重 m_i/g	分计筛余 /%	累计筛余 /%	通过百分率 /%	通过百分率 /%
	（1）	（2）	（3）	（4）	（1）	（2）	（3）	（4）	（5）
筛底 $m_底$/g									
筛分后总量 $\sum m_i$/g									
损耗 m_5/g									
损耗率/%									

试验者_____　　　组别_____　　　成绩_____　　　试验日期_____

2. 水筛法筛分结果的计算

（1）按式（1.12）、（1.13）计算粗集料中 0.075 mm 筛下的部分 $m_{0.075}$，记入表 1.14 中，准确至 0.1%。当两次试验结果 $P_{0.075}$ 的差值超过 1% 时，试验就重新进行。

$$m_{0.075} = m_3 - m_4 \tag{1.12}$$

$$P_{0.075} = \frac{m_{0.075}}{m_3} = \frac{m_3 - m_4}{m_3} \times 100 \tag{1.13}$$

式中　$P_{0.075}$——粗集料中小于 0.075 mm 的含量（通过率）（%）；

$m_{0.075}$——粗集料中水洗得到的小于 0.075 mm 部分的质量（g）；

m_3——用于水洗的干燥粗集料总质量（g）；

m_4——水洗后的干燥粗集料总质量（g）。

（2）计算各筛分计筛余量及筛底存量的总和与筛分前试样的干燥总质量 m_4 之差，作为筛分时的损耗，并计算损耗率记入表 1.14 的第（1）栏，若损耗率大于 0.3%，应重新进行试验。

表 1.14　粗集料水筛法筛分记录

干燥试样总量 m_3/g	第 1 组				第 2 组				平均
水洗后筛上总量 m_4/g									
水洗后 0.075 mm 筛下量 $m_{0.075}$/g									
0.075 mm 通过率 $P_{0.075}$/%	4.0				4.4				4.2
筛孔尺寸/mm	筛上重 m_i/g （1）	分计筛余 /% （2）	累计筛余 /% （3）	通过百分率/% （4）	筛上重 m_i/g （1）	分计筛余 /% （2）	累计筛余 /% （3）	通过百分率/% （4）	通过百分率/% （5）
水洗后干筛法筛分									
筛底 $m_{底}$/g									
筛分后总量 $\sum m_i$/g									
损耗 m_5/g									
损耗率/%									
扣除损耗后总量/g									

注：如筛底 $m_{底}$ 的值不是 0，应将其并入 $m_{0.075}$ 中重新计算 $P_{0.075}$。

$$m_5 = m_3 - \left(\sum m_i + m_{0.075}\right) \qquad (1.14)$$

式中　m_5——由于筛分造成的损耗（g）；

　　　m_3——用于水筛筛分的干燥集料总质量（g）；

　　　m_i——各号筛上的分计筛余（g）；

　　　i——依次为 0.075 mm，0.15 mm…至集料最大粒径的排序；

　　　$m_{0.075}$——水洗后得到的 0.075 mm 以下部分质量（g），即 $m_3 - m_4$。

（3）计算其他各筛的分计筛余百分率、累计筛余百分率、质量通过百分率，计算方法与干筛法相同。当干筛筛分有损耗时，应按干筛法筛分的计算方法从总质量中扣除损耗部分，将计算结果分别记入表 1.14 的第（2）、（3）、（4）栏。

（4）试验结果以两次试验的平均值表示，记入表 1.14 的第（5）栏。

七、报 告

（1）筛分结果以各筛孔的质量通过百分率表示，宜记录为表 1.13 或表 1.14 的格式。

（2）对用于沥青混合料、基层材料配合比设计用的集料，宜绘制集料筛分曲线，其横坐标为筛孔尺寸的 0.45 次方（表 1.15），纵坐标为普通坐标，如图 1.2 所示。

表 1.15 级配曲线的横坐标

筛孔 d_i/mm	0.075	0.15	0.3	0.6	1.18	2.36	4.75
横坐标 x	0.312	0.426	0.582	0.795	1.077	1.472	2.016
筛孔 d_i/mm	9.5	13.2	16	19	26.5	31.5	37.5
横坐标 x	2.745	3.193	3.482	3.762	4.370	4.723	5.109

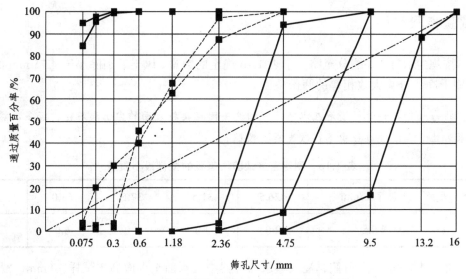

图 1.2 集料筛分曲线与矿料级配设计曲线

试验八 粗集料表观密度试验（液体比重天平法）

（GB/T 1465—2011）

一、试验目的及适用范围

本方法适用于测定碎石、砾石等各种粗集料的表观密度。

环境条件：试验时各项称量可在 15 ℃～25 ℃内进行，但从试样加水静止的 2 h 起至试验结束，其温度变化不应超过 2 ℃。

二、仪器设备与材料

（1）鼓风干燥箱：能使温度控制在 105 ℃±5 ℃。

（2）天平或浸水天平：称量 5 kg，感量 0.5 g。其型号及尺寸应能允许在臂上挂盛试样的吊篮，并能将吊篮放在水中称量。

（3）吊篮：直径和高度均为 150 mm，由孔径 1 mm～2 mm 的筛网或钻有 2 mm～3 mm 孔洞耐锈蚀金属制成。

（4）溢流水槽：有溢流孔。

（5）标准筛：4.75 mm 方孔筛 1 只。

（6）恒温水浴。

（7）其他：温度计、搪瓷盘、毛巾和刷子、盛水容器等。

三、试验步骤

（1）按规定取样，并缩分至略大于表 1.16 规定的数量，风干后筛除小于 4.75 mm 的颗粒，然后洗刷干净，分为大致相等的两份备用。

注：将每一份集料试样浸泡在水中，仔细洗去附在集料表面的尘土和石粉，经多次漂洗干净至水清澈为止。在清洗过程中不得散失集料颗粒。

表 1.16 测定密度试验所需要的试样最小质量

最大粒径（方孔筛）/mm	<26.5	31.5	37.5	63.0	75.0
最少试样质量/kg	2.0	3.0	4.0	6.0	6.0

（2）取试样一份装入吊篮，浸入盛水的容器中，水面至少应高出试样 50 mm，浸泡 24 h 后。移放到称量用的溢流水槽中，并用上下升降吊篮的方法排除气泡（试样不得露出水面）。吊篮每升降一次约 1 s，升降高度为 30 mm～50 mm。

（3）测定水温后（此时吊篮应全在水中），准确称出吊篮及试样在水中的质量（G_1）。精确至 5 g。称量时盛水容器中水面高度由溢流孔控制。

（4）提起吊篮，将试样倒入浅搪瓷盘，放在干燥箱中于 105 ℃±5 ℃烘干至恒重。待冷却至室温后，称出其质量（G_0），精确至 0.5 g。

（5）称出吊篮在同样温度水中质量（G_2），精确至 5 g。称量时盛水容器的水面高度仍由溢流孔控制。

（6）对同一规格的集料应平行试验两次，取平均值作为试验结果。

四、试验结果计算与评定

（1）表观相对密度按式（1.15）计算，精确至 10 kg/m³。

$$\rho_a = \left(\frac{G_0}{G_0 + G_2 - G_1} - \alpha_T \right) \times \rho_w$$

或

$$\rho_a = \left(\frac{G_0}{G_0 + G_2 - G_1} \right) \times \rho_T \qquad (1.15)$$

式中 ρ_a——表观密度（kg/m³）；

G_0——烘干后试样的质量（g）；

G_1——吊篮及试样在水中的质量（g）；

G_2——吊篮在水中的质量（g）；

α_T——水温对表观密度影响的修正系数见表 1.17；

ρ_T——试验温度 T 时水的密度（g/cm³）见表 1.17；

ρ_w——1 000（kg/m³）。

（2）精密度或允许差。

表观密度取两次试验结果的算术平均值，两次试验结果之差大于 20 kg/m³，应重新试验。对颗粒材质不均匀的试样，如两次试验结果之差超过 20 kg/m³，可取 4 次试验结果的算术平均值。

表 1.17　不同水温时水的密度 ρ_T 及水温修正系数 α_T

水温/°C	15	16	17	18	19	20
水的密度 ρ_T/（g/cm³）	0.999 13	0.998 97	0.998 80	0.998 62	0.998 43	0.998 22
水温修正系数 α_T	0.002	0.003	0.003	0.004	0.004	0.005
水温/°C	21	22	23	24	25	
水的密度 ρ_T/（g/cm³）	0.998 02	0.997 79	0.997 56	0.997 33	0.997 02	
水温修正系数 α_T	0.005	0.006	0.006	0.007	0.008	

记录格式见表 1.18。

表 1.18　粗集料密度试验记录（网篮法）

试验次数	试样的烘干质量 G_0 /g	吊篮及试样在水中质量 G_1 /g	吊篮在水中质量 G_2 /g	集料的表观相对密度 ρ_a /（kg/m³）		备注
				个别	平均	

试验者_____　　组别_____　　成绩_____　　试验日期_____

试验九　粗集料堆积密度及紧装密度试验

（GB/T 1465—2011）

一、试验目的及适用范围

·测定粗集料的堆积密度，包括在松散堆积状态、振实状态下的堆积密度，以及在堆积状态下的空隙率。

二、仪器设备及材料

（1）天平或台秤：称量 10 kg，感量 10 g；称量 50 kg，感量 50 g。各 1 台。
（2）容量筒：规格应符合表 1.19 的要求。

表 1.19　粗集料容量筒的规格要求

粗集料公称 最大粒径 /mm	容量筒容积 /L	容量筒规格/mm			筒壁厚度 /mm
		内径	净高	底厚	
9.5 ~ 26.5	10	208	294	5.0	2.0
31.5 ~ 37.5	20	294	294	5.0	3.0
53，63，75	30	360	294	5.0	4.0

（3）直尺、小铲等。
（4）烘箱：能控温 105 ℃ ± 5 ℃。
（5）捣棒：直径 16 mm，长 600 mm，一端为圆头的钢棒。

三、试样准备

按粗集料取样法取样、缩分，烘干或风干后，拌匀后把试样分成大致的两份备用。

四、试验步骤

1. 松散堆积密度

取试样 1 份，用小铲将试样从容量筒口中心上方 50 mm 处徐徐倒入，让试样自由落体落下，当容量筒上部试样呈堆体，且容量筒四周溢满时，即停止加料。除去凸出筒口表面的颗粒，并以合适的颗粒填入凹陷空隙，使表面稍凸起部分和凹陷部分的体积大致相等，称取试样和容量筒总量（m_2）。精确至 10 g。

2. 紧装堆积密度

取试样 1 份，分 3 次装入容量筒。装完第一层后，在筒底垫放一根直径为 16 mm 的圆钢，将筒按住，左右交替颠击地面各 25 下；然后装入第二层，用同样的方法颠实（但筒底所垫钢筋的方向应与第一层放置方向垂直）；然后再装入第三层，如法颠实；待三层试样装完毕后，加料直到试样超出容量筒口，用钢筋沿筒口边缘刮去高出筒口的颗粒，用合适的颗粒填平凹处，使表面稍凸起部分和凹陷部分的体积大致相等，称取试样和容量筒总质量（G_2）。精确至 10 g。

3. 容量筒容积的标定

将温度为 20 °C ± 2 °C 的饮用水装满容量筒，用一玻璃板沿筒口推移，使其紧贴水面，擦干筒外水分，称取容量筒与水的总质量（G_1），精确至 10 g。容量筒容积按式（1.16）计算。

五、试验结果计算整理

（1）容量筒的容积按式（1.16）计算。精确至 1 mL。

$$V = m_2 - m_1 \tag{1.16}$$

式中　V——容量筒的容积（mL）；

　　　m_2——容量筒、玻璃板和水总的质量（g）；

　　　m_1——容量筒与玻璃板的质量（g）。

（2）堆积密度（包括松散或紧装堆积密度），按式（1.17）计算，精确至 10 kg/m³。

$$\rho = \frac{G_2 - G_1}{V} \tag{1.17}$$

式中　ρ——堆积密度（kg/m³）；

　　　G_1——容量筒的质量（kg）；

　　　G_2——容量筒和试样的总质量（kg）；

　　　V——容量筒容积（L）。

采用修约值比较法进行评定。

（3）空隙率按式（1.18）计算。精确至 1%。

$$V_c = \left(1 - \frac{\rho}{\rho_a}\right) \times 100 \tag{1.18}$$

式中　V_c——粗集料的空隙率（%）；

　　　ρ_a——粗集料表观密度（kg/m³）；

　　　ρ——粗集料松散堆积或紧密堆积密度（kg/m³）。

采用修约值比较法进行评定。

记录格式见表 1.20~1.22。

表 1.20　粗集料堆积密度试验记录

试验次数	容量筒体积 V/L	容量筒质量 G_1/kg	试样加容量筒的质量 G_2/kg	粗集料的质量 (G_2-G_1)/kg	堆积密度 ρ/（kg/m³）		备注
					个别	平均	
1							
2							

试验者_____　　组别_____　　成绩_____　　试验日期_____

表 1.21　粗集料振实密度试验记录

试验次数	容量筒体积 V/L	容量筒质量 G_1/kg	试样加容量筒的质量 G_2/kg	粗集料的质量 (G_2-G_1)/kg	振实密度 ρ/（kg/m³）		备注
					个别	平均	
1							
2							

试验者_____　　组别_____　　成绩_____　　试验日期_____

表 1.22　粗集料空隙率计算

试验次数	粗集料的松方密度（振实状态）ρ/（kg/m³）	粗集料的表观密度 ρ_a/（kg/m³）	粗集料的空隙率 V_c/%	备注
1				
2				

试验者_____　　组别_____　　成绩_____　　试验日期_____

试验十　粗集料压碎值试验

（GB/T 1465—2011）

一、试验目的及适用范围

集料压碎值用于衡量石料在逐渐增加的荷载下抵抗压碎的能力，它是衡量石料力学性质的指标之一，用以评定其在工程中的适用性。

二、仪器设备

（1）压力试验机：量程 300 kN，示值相对误差 2%。
（2）天平：称量 10 kg，感量 1 g。

（3）受压试模（压碎指标测定仪，见图 1.3）。

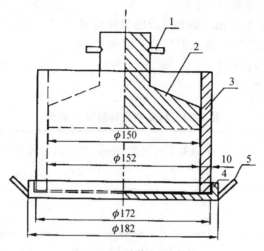

图 1.3　压碎指标测定仪

1—把手；2—加压头；3—圆模；4—底盘；5—手把

（4）方孔筛：筛孔尺寸 2.36 mm、9.5 mm、19.0 mm 筛各 1 个。

（5）垫棒：直径 10 mm，长 500 mm 圆钢。

三、试验步骤

（1）按规定取样，风干后筛除大于 19.0 mm 及小于 9.5 mm 的颗粒，并去除针、片状颗粒，分为大致相等的 3 份备用。当试样中粒径在 9.5 mm～19.0 mm 的颗粒不足时，允许将粒径大于 19.0 mm 的颗粒破碎成粒径在 9.5 mm～19.0 mm 的颗粒用作压碎指标试验。

（2）称取试样（G_1）3 000 g，精确至 1 g。将试样分两层装入圆模（置于底盘上）内，每装一层试样后，在底盘下面垫放一直径为 10 mm 的圆钢，将筒按住，左右交替颠击地面各 25 下，两层颠实后，平整模内试样表面，盖上压头。当圆模装不下 3 000 g 试样时，以装至距模上口 10 mm 为准。

（3）把装有试样的圆模置于压力机上，开动压力试验机，按 1 kN/s 速度均匀加荷至 200 kN 并稳荷 5 s，然后卸荷。取下加压头，倒出试样，用孔径 2.36 mm 的筛筛除被压碎的细粒，称出留在筛上的试样质量（G_2），精确至 1 g。

四、结果计算与评定

压碎值指标按式（1.19）计算，精确至 0.1%。

$$Q_e = \frac{G_1 - G_2}{G_1} \times 100 \qquad\qquad (1.19)$$

式中 Q_e——压碎值指标（%）;

  G_1——试验前试样的质量（g）;

  G_2——压碎试验后 2.36 mm 筛上筛余的试样质量（g）。

压碎指标取三次试验结果的算术平均值。准确至 1%。

采用修约值比较法进行评定。

记录格式示例见表 1.23。

表 1.23 粗集料压碎值试验记录

试验次数	试验前试样质量 G_1/g	试验后通过 2.36 mm 筛孔的细料质量 G_1-G_2/g	压碎值 Q_e/%	
			个别	平均
1				
2				
3				

试验者_____ 组别_____ 成绩_____ 试验日期_____

试验十一 粗集料含泥量及泥块含量试验

（GB/T 1465—2011）

一、试验目的及适用范围

测定碎石或砾石中小于 0.075 mm 的尘屑、淤泥和黏土的总含量及 4.75 mm 以上泥块颗粒的含量。

二、仪器设备

（1）鼓风烘箱：能使温度控制在 105 ℃ ± 5 ℃。

（2）天平：称量 10 kg，感量 1 g。

（3）方孔筛：测泥含量时用孔径为 75 μm 及 1.18 mm 的筛各 1 只；测泥块含量时，则用 2.36 mm 及 4.75 mm 的方孔筛各式各 1 只。

（4）容器：要求淘洗试样时，保持试样不溅出。

（5）搪瓷盘、毛刷等。

三、试验步骤

1. 含泥量试验步骤

（1）按规定取样，并将试样缩分至略大于表 1.24 规定的 2 倍数量，放在烘箱中于 105 ℃ ± 5 ℃下烘干至恒量，待冷却至室温后，分为大致相等的两份备用。

注：恒量系指试样在烘干 1 h ~ 3 h 的情况下，其前后质量之差不大于该项试验所要求的称量精度（下同）。

（2）根据试样最大粒径，称取按表 1.24 规定数量的试样 1 份，精确到 1 g。将试样放入淘洗容器中，注入清水，使水面高于试样上表面 150 mm，充分搅拌均匀后，浸泡 2 h，然后用手在水中淘洗试样，使尘屑、淤泥和黏土与石子颗粒分离，把浑水缓缓倒入 1.18 mm 及 0.075 mm 的套筛上（1.18 mm 筛放在 0.075 mm 筛上面），滤去小于 75 μm 的颗粒。试验前筛子的两面应先用水润湿。在整个试验过程中应小心防止大于 75 μm 颗粒流失。

表 1.24　含泥量试验所需试样数量

最大粒径/mm	9.5	16.0	19.0	26.5	31.5	37.5	63.0	75.0
最少试样质量/kg	2.0	2.0	6.0	6.0	10.0	10.0	20.0	20.0

（3）再向容器中注入清水，重复上述操作，直至容器内的水目测清澈为止。

（4）用水淋洗剩余在筛上的细粒，并将 75 μm 筛放在水中（使水面略高出筛中石子颗粒的上表面）来回摇动，以充分洗掉小于 75 μm 的颗粒，然后将两只筛上筛余的颗粒和清洗容器中已经洗净的试样一并倒入搪瓷盘中，置于烘箱中于 105 ℃ ± 5 ℃下烘干至恒量，待冷却至室温后，称出其质量，精确至 1 g。

2. 泥块含量试验步骤

（1）按规定取样，并将试样缩分至略大于表 1.24 规定的 2 倍数量，放在烘箱中于 105 ℃ ± 5 ℃下烘干至恒量，待冷却至室温后，筛除小于 4.75 mm 的颗粒，分为大致相等的两份备用。

（2）称取按表 1.24 规定数量的试样 1 份，精确到 1 g。将试样倒入淘洗容器中，注入清水，使水面高于试样上表面。充分搅拌均匀后，浸泡 24 h。然后用手在水中碾碎泥块，再把试样放在 2.36 mm 筛上，用水淘洗，直至容器内的水目测清澈为止。

（3）保留下来的试样小心地从筛中取出，装入搪瓷盘后，放在烘箱中于 105 ℃ ± 5 ℃下烘干至恒量，待冷却至室温后，称出其质量，精确到 1 g。

四、结果计算与评定

（1）含泥量按式（1.20）计算，精确至 0.1%：

$$Q_a = \frac{G_1 - G_2}{G_1} \times 100 \tag{1.20}$$

式中 Q_a——含泥量（%）；

G_1——试验前烘干试样的质量（g）；

G_2——试验后烘干试样的质量（g）。

含泥量取两次试验结果的算术平均值，精确至 0.1%。采用修约值比较法进行评定。

（2）泥块含量按式（1.21）计算，精确至 0.1%：

$$Q_b = \frac{G_1 - G_2}{G_1} \times 100 \qquad (1.21)$$

式中 Q_b——泥块含量（%）；

G_1——4.75 mm 筛筛余试样的质量（g）；

G_2——试验后烘干试样的质量（g）。

泥块含量取两次试验结果的算术平均值，精确至 0.1%。采用修约值比较法进行评定。

（3）记录表格见表 1.25。

表 1.25　粗集料含泥量及泥块含量试验记录

	试验前的烘干试样质量 G_1/g	试验后的烘干试样质量 G_2/g	含泥量 $Q_a = (G_1 - G_2)/G_1 \times 100\%$	平均值/%
含泥量				
	4.75 mm 筛筛余量 G_1/g	试验后的烘干试样质量 G_2/g	泥块含量 $Q_b = (G_1 - G_2)/G_1 \times 100\%$	平均值/%
泥块含量				

试验者＿＿＿＿＿　　　组别＿＿＿＿＿　　　成绩＿＿＿＿＿　　　试验日期＿＿＿＿＿

试验十二　水泥混凝土用粗集料针片状颗粒含量试验（规准仪法）

（GB/T 1465—2011）

一、试验目的及适用范围

（1）本方法适用于测定水泥混凝土使用的 4.75 mm 以上的粗集料的针状及片状颗粒含量，以百分率计。

（2）本方法测定的针片状颗粒，是指利用专用的规准仪测定的粗集料颗粒的最小厚度（或直径）方向与最大长度（或宽度）方向的尺寸之比小于一定比例的颗粒。

（3）本方法测定的粗集料中针片状颗粒的含量，可用于评价集料的形状及其在工程中的适用性。

二、仪器设备

（1）水泥混凝土集料片状及针状规准仪：见图 1.4 和图 1.5，尺寸应符合表 1.26 的要求。

（2）天平：称量 10 kg，感量 1 g。

（3）方孔筛：孔径为 4.75 mm、9.5 mm、16.0 mm、19.0 mm、26.5 mm、31.5 mm、37.5 mm 的方孔筛各 1 个，根据需要选用。

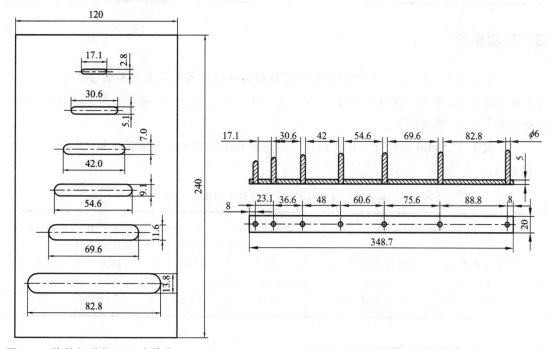

图 1.4　片状规准仪（尺寸单位：mm）　　　　图 1.5　针状规准仪（尺寸单位：mm）

表 1.26　水泥混凝土集料针、片状颗粒试验的
粒级划分及其相应的规准仪仪孔宽或间距

粒级（方孔筛）/mm	4.75～9.5	9.5～16	16～19	19～26.5	26.5～31.5	31.5～37.5
针状规准仪上相对应的立柱之间的间距宽/mm	17.1	30.6	42.0	54.6	69.6	82.8
片状规准仪上相对应的孔宽/mm	2.8	5.1	7.0	9.1	11.6	13.8

三、试样制备

按规定取样，并将试样用四分法缩分至略大于表 1.27 规定的数量，风干或烘干至表面干燥备用。

根据试样最大粒径，称取按表 1.27 所规定的试样一份（G_1），精确到 1 g。然后筛分成表 1.27 粒级备用。

表 1.27　针、片状颗粒含量试验所需的试样数量

最大粒径/mm	9.5	16	19	26.5	31.5	37.5	63.0	75.0
最少试样质量/kg	0.3	1	2	3	5	10	10	10

四、试验步骤

（1）按表 1.26 所规定的粒级用规准仪逐粒对试样进行鉴定：凡颗粒长度大于针状规准仪上相应间距者，为针状颗粒；颗粒厚度小于片状规准仪上相应孔宽者，为片状颗粒。称出其总质量（G_2），精确到 1 g。

（2）大于 37.5 mm 颗粒针、片状颗粒含量试验的粒级划分及其相应的卡尺卡口设定宽度见表 1.28。

表 1.28　粒级划分及其卡尺卡口设定宽度

石子粒级/mm	37.5～53.0	53.0～63.0	63.0～75.0	75.0～90.0
检查针状颗粒的卡尺卡口设定宽度/mm	108.6	139.2	165.6	198.0
片状颗粒的卡尺卡口设定宽度/mm	18.1	23.2	27.6	33.0

五、试验结果计算整理

针、片状颗粒含量按式（1.22）计算，准确至 1%。

$$Q_c = \frac{G_2}{G_1} \times 100 \tag{1.22}$$

式中　Q_c——针、片状颗粒含量（%）；

　　　G_2——试样中所含针、片状颗粒的总质量（g）；

　　　G_1——试样的质量（g）。

采用修约值比较法进行评定。

记录格式示例见表 1.29。

表 1.29　粗集料针、片状颗粒含量试验记录

试验次数	试样质量 G_1 /g	针、片状颗粒总质量 G_2 /g	针、片状颗粒含量 Q_c /%
1			
2			

试验者＿＿＿＿＿　　　组别＿＿＿＿＿　　　成绩＿＿＿＿＿　　　试验日期＿＿＿＿＿

第二章
水泥试验

试验一　水泥细度试验

（GB/T 1345—2005）

细度指水泥颗粒的粗细程度。水泥颗粒越细，水化反应速度越快，早期强度越高；但水泥颗粒太细，在空气中的硬化收缩较大，容易出现干缩裂缝，另外，太细的水泥不宜存放且增加生产成本。为充分发挥水泥熟料的活性，改善水泥性能，同时考虑能耗的合理分配，要合理控制水泥细度。细度可用筛析法和比表面积法表示。现行国家标准规定：硅酸盐水泥、普通硅酸盐水泥比表面积大于 $300 \ m^2/kg$，矿渣硅酸盐水泥、火山灰质硅酸盐水泥、粉煤灰硅酸盐水泥、复合硅酸盐水泥 $80 \ \mu m$ 方孔筛筛余不得超过 10.0%。

I. 负压筛法

一、仪器设备

（1）负压筛。

① 负压筛由圆形筛框和筛网组成，筛网为金属丝编织方孔筛，方孔边长 $80 \ \mu m$，负压筛应附有透明筛盖，筛盖与筛上口应有良好的密封性。

② 筛网应紧绷在筛框上，筛网和筛框接触处应用防水胶密封，防止水泥嵌入。

（2）负压筛析仪。

① 负压筛析仪由筛座、负压筛、负压源及收尘器组成，其中筛座由转速为（30±2）r/min 的喷气嘴、负压表、控制板、微电机及壳体等部分构成。

② 负压源和收尘器，由功率 600 W 的工业吸尘器和小型旋风收尘筒或由其他具有相当功能的设备组成。

（3）天平。最大称量为 100 g，感量不大于 0.05 g。

二、试验步骤

（1）水泥样品应充分拌匀，通过 0.9 mm 方孔筛，记录筛余物情况，要防止过筛时混进其他水泥。

（2）筛析试验前，应把负压筛放在筛座上，盖上筛盖，接通电源，检查控制系统，调节负压至 4 000 Pa ~ 6 000 Pa。

（3）称取试样 25 g，置于洁净的负压筛中，盖上筛盖，放在筛座上，开动筛析仪连续筛析 2 min，在此期间如有试样附着在筛盖上，可轻轻地敲击，使试样落下；筛毕，用天平称取筛余物。

（4）当工作负压小于 4 000 Pa 时，应清理吸尘器内水泥，使负压恢复正常。

三、计　算

水泥试样筛余百分数 F 按式（2.1）计算。

$$F = \frac{R_s}{m} \times 100 \qquad\qquad （2.1）$$

式中　F——水泥试样的筛余百分数（%）；

　　　R_s——水泥筛余物的质量（g）；

　　　m——水泥试样的质量（g）。

结果计算至 0.1%。

II. 水 筛 法

一、仪器设备

（1）标准筛：采用方孔边长 80 μm 的金属丝网筛布，筛框有效直径为 125 mm，高 80 mm。筛布应紧绷在筛框上，接缝处应用防水胶密封。

（2）水筛架：用于支撑筛子，并带动筛子转动，转速约 50 r/min。

（3）喷头：直径为 55 mm，面上均匀分布 90 个孔，孔径为 0.5 mm ~ 0.7 mm。

（4）天平：最大称量为 100 g，分度值不大于 0.05 g。

二、试验步骤

（1）同前法处理样品。

（2）筛析试验前，应检查水中无泥、砂，调整好水压及水筛架的位置，使其能正常运转，喷头底面和筛网之间距离为 35 mm ~ 75 mm。

（3）称取试样 50 g，置于洁净的水筛中，立即用淡水冲洗至大部分细粉通过后，放在水筛架上，用水压为 0.05 MPa ± 0.02 MPa 的喷头连续冲洗 3 min。筛毕，用少量水把筛余物冲至蒸发皿中，等水泥颗粒全部沉淀后，小心倒出清水，烘干并用天平称量筛余物。

结果计算与式（2.1）相同。

注：当负压筛法与水筛法测定结果发生争议时，以负压筛法为准。

记录格式示例见表 2.1。

表 2.1　水泥细度测定记录

试样名称		材料产地	
试验次数	筛析用试样质量 m/g	在 80 μm 筛上筛余物质量 m_0/g	筛余百分数 F/%
①	②	③	④ = ③/②
备注			

试验者＿＿＿＿＿＿＿　　组别＿＿＿＿＿＿　　成绩＿＿＿＿＿＿　　试验日期＿＿＿＿＿＿

试验二　水泥标准稠度用水量试验

（GB/T 1346—2011）

一、试验目的

检验水泥的凝结时间与体积安定性时，水泥净浆的稠度会影响试验结果，为使其测定结果具有可比性，必须采用标准稠度的水泥净浆进行试验，水泥净浆达到标准稠度时所需的拌和水量叫标准稠度用水量。

水泥标准稠度浆对准试杆的沉入具有一定阻力。通过试验不同含水量水泥净浆的穿透性，以确定水泥标准稠度净浆中所需加入的水量。

二、仪器设备

（1）标准法维卡仪：如图 2.1 所示，标准稠度测定用试杆（图 2.1（c））有效长度为 50 mm ± 1 mm，由直径为 ϕ10 mm ± 0.05 mm 圆柱形耐腐蚀金属制成。

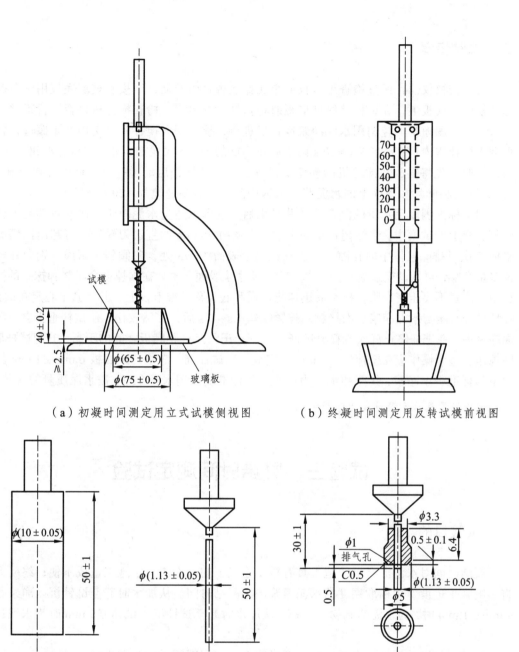

（a）初凝时间测定用立式试模侧视图　　　（b）终凝时间测定用反转试模前视图

（c）标准稠度试杆　　　（d）初凝用试针　　　（e）终凝用试针

图 2.1　测定水泥标准稠度和凝结时间用的维卡仪（尺寸单位：mm）

盛装水泥净浆的试模（图 2.1（a））应由耐腐蚀的、有足够硬度的金属制成。试模为深 40 mm ± 0.2 mm、顶内径 ϕ65 mm ± 0.5 mm、底内径 ϕ75 mm ± 0.5 mm 的截顶圆锥体。每只试模应配备一个边长或直径约 100 mm、厚度 4 mm ~ 5 mm 的平板玻璃底板或金属底板。

（2）净浆搅拌机。

（3）湿气养护箱：应使温度控制在 20 ℃ ± 1 ℃，相对湿度不低于 90%。

（4）天平：最大称量不小于 1 000 g，分度值不大于 1 g。

（5）量水器：精度 ± 0.5 mL。

三、试验步骤

（1）校核仪器，调整检查维卡仪的金属棒能否自由滑动，试模和玻璃底板用湿布擦拭，将试模放在底板上，在试杆接触玻璃板时将指针对准零点，检查搅拌机是否运行正常。

（2）水泥净浆的拌制用水泥净浆搅拌机进行，搅拌锅和搅拌叶片先用湿布擦过，将拌和水倒入搅拌锅内；然后在 5 s～10 s 内小心将称好的 500 g 水泥加入水中，防止水和水泥溅出；在拌和时，先将锅放在搅拌机的锅座上，升至搅拌位置，启动搅拌机，低速搅拌 120 s，停 15 s，同时将叶片和锅壁上的水泥浆刮入锅中间，接着高速搅拌 120 s 停机。

（3）标准稠度用水量的测定：拌和结束后，立即取适量水泥净浆一次性将其装入已置于玻璃底板上的试模中，浆体超过试模上端，用宽约 25 mm 的直边刀轻轻拍打超出试模部分的浆体 5 次以排除浆体中的孔隙，然后在试模上表面约 1/3 处，略倾斜于试模分别向外轻轻锯掉多余净浆，再从试模边沿轻抹顶部一次，使净浆表面光滑。在锯掉多余净浆和抹平的操作过程中，注意不要压实净浆，抹平后迅速将试模和底板移到维卡仪上，并将其中心定在试杆下，降低试杆直至与水泥净浆表面接触，拧紧螺丝 1 s～2 s 后，突然放松，使试杆垂直自由沉入水泥净浆中；在试杆停止沉入或释放试杆 30 s 时，记录试杆距底板之间的距离，升起试杆后，立即擦净。整个操作应在搅拌后 1.5 min 内完成，以试杆沉入净浆并距底板 6 mm ± 1 mm 的水泥净浆为标准稠度净浆，其拌和水量为该水泥的标准稠度用水量（P），按水泥质量的百分比计。

试验记录见后水泥物理力学性能试验表。

试验三　凝结时间测定试验

一、试验目的

凝结时间对水泥混凝土的施工具有重要意义：初凝太快，给施工造成不便；终凝太慢，将影响施工进度。用标准稠度的水泥净浆测定凝结时间。从加水时起至试针沉入净浆距底板 4 mm ± 1 mm 时，为水泥达到初凝状态；从加水时起至试针沉入试体 0.5 mm 时为水泥达到终凝状态。

凝结时间以试针沉入水泥标准稠度净浆至一定深度所需的时间表示。

二、仪器设备

（1）标准法维卡仪：如图 2.1 所示，测定凝结时间时取下试杆，用试针（图 2.1（d）、（e））代替试杆。试针是钢制的圆柱体，其有效长度初凝针为 50 mm ± 1 mm，终凝针为 30 mm ± 1 mm，直径为 ϕ1.13 mm ± 0.05 mm。滑动部分的总质量为 300 g ± 1 g。与试杆、试针连接的滑动杆表面应光滑，能靠重力自由下落，不得有紧涩和晃动现象。

（2）其他仪器同前。

三、试验步骤

（1）测定前准备工作。调整凝结时间测定仪的试针接触玻璃板时，将指针对准零点。

（2）试件的制备。以标准稠度的水泥净浆一次装满试模，振动数次刮平，立即放入湿气养护箱中。记录水泥全部加入水中的时间作为凝结时间的起始时间。

（3）初凝时间的测定。试件在湿气养护箱中养护至加水后 30 min 时进行第一次测定。测定时，从湿气养护箱中取出试模放到试针下，降低试针与水泥净浆表面接触，拧紧螺丝 1 s～2 s，突然放松，试针垂直自由地沉入水泥净浆。观察试针停止下沉或释放试针 30 s 时指针的读数。当试针沉至距底板 4 mm ± 1 mm 时，为水泥达到初凝状态，达到初凝时应立即复测一次，当两次结论相同时才能定为初凝状态。由水泥全部加入水中至初凝状态所经历时间为水泥的初凝时间，用"min"表示。

（4）终凝时间的测定。为了准确观测试针沉入的状况，在终凝针上安装了一个环形附件（图 2.1（e））。在完成初凝时间测定后，立即将试模连同浆体以平移的方式从玻璃板取下，翻转 180°，直径大端向上、小端向下放在玻璃板上，再放入湿气养护箱中继续养护，临近终凝时间每隔 15 min 测定一次，当试针沉入试体 0.5 mm 时，即环形附件开始不能在试体上留下痕迹时，为水泥达到终凝状态，达到终凝时应立即复测一次，当两次结论相同时才能定为终凝状态。由水泥全部加入水中至终凝状态所经历的时间为水泥的终凝时间，用"min"表示。

（5）测定时应注意，在最初的测定操作时应用手轻轻扶持金属柱，使其徐徐下降，以防试针撞弯，但结果要以自由下落为准。在整个测试过程中试针沉入的位置至少要距试模内壁 10 mm，临近初凝时，每隔 5 min 测定一次，临近终凝时每隔 15 min 测定一次，到达初凝时应立即重复测一次，当两次结论相同时才能确定到达初凝状态，到达终凝时，需要在试体另外两个不同点测试，结论相同时才能确定到达终凝状态。每次测定不能让试针落入原针孔，每次测试完毕须将试针擦净并将试模放回湿气养护箱内，整个测试过程要防止试模受振。

注：可以使用能得出与标准中规定方法相同结果的凝结时间自动测定仪，使用时不必翻转试体。试验记录见后水泥物理力学性能试验表。

试验四　水泥安定性试验

一、试验目的

本试验可检定由游离氧化钙而引起水泥体积的变化，以此判断水泥体积安定性是否合格。

安定性的测定有两种方法，即雷氏法和试饼法，雷氏法是标准法，试饼法为代用法，有争议时以雷氏法为准。雷氏法是测定水泥净浆在雷氏沸煮后的膨胀值；试饼法是观察水泥净浆试饼沸煮后的外形变化来检验水泥的体积安定性。

二、仪器设备

（1）雷氏夹：由铜质材料制成，其结构如图 2.2 所示。当一根针的根部先悬挂在一根金属丝或尼龙丝上，另一根指针的根部再挂上 300 g 质量的砝码时，两根指针的针尖距离增加应在 17.5 mm ± 2.5 mm，即 $2x = (17.5 \pm 2.5)$ mm（图 2.3），当去掉砝码后针尖能恢复至挂砝码前的状态。

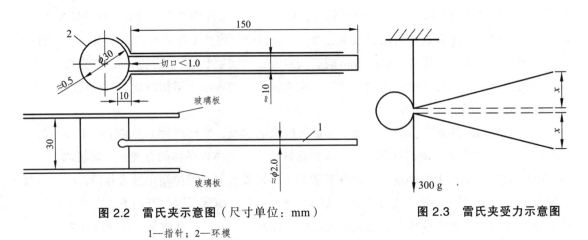

图 2.2　雷氏夹示意图（尺寸单位：mm）

1—指针；2—环模

图 2.3　雷氏夹受力示意图

（2）雷氏夹膨胀值测定仪：如图 2.4 所示，标尺最小刻度为 0.5 mm。

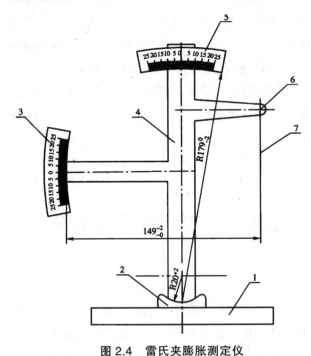

图 2.4　雷氏夹膨胀测定仪

1—底座；2—模子座；3—测强性标尺；4—立柱；
5—测膨胀值标尺；6—悬臂；7—悬丝

（3）沸煮箱：有效容积为 410 mm × 240 mm × 310 mm，箅板的结构应不影响试验结果，箅板与加热器之间的距离大于 50 mm。箱的内层由不易锈蚀的金属材料制成，能在 30 min ± 5 min 内将箱内的试验用水由室温升至沸腾并可以保持沸腾状态 3 h 以上，整个沸煮过程中水位能没过试件，不需中途添补试验用水。

（4）玻璃板、抹刀、直尺。

（5）其他仪器设备与标准稠度用水量相同。

三、试验步骤

1. 雷氏法（标准法）

（1）测定前的准备工作。每个试样需成型两个试件，每个雷氏夹需配两个边长或直径约 80 mm、厚度 4 mm～5 mm 的玻璃板，凡与水泥净浆接触的玻璃板表面和雷氏夹内表面都要稍稍涂上一层油。

（2）雷氏夹试件的成型。以标准稠度用水量加水，按水泥净浆的拌制方法制备标准稠度净浆。将预先准备好的雷氏夹放在已稍擦油的玻璃板上，并立即将已制备好的标准稠度净浆装满雷氏夹。装浆时一只手轻轻扶持雷氏夹，另一只手用宽约 25 mm 的直边刀在浆体表面轻轻插捣 3 次，然后抹平，盖上稍涂油的玻璃板，接着立即将试件移至湿气养护箱内养护 24 h ± 2 h。

（3）沸煮。调整好沸煮箱内的水位，使之在整个沸煮过程中都能没过试件，不需中途添补试验用水，同时保证水温在 30 min ± 5 min 内能升至沸腾。

脱去玻璃板取下试件，先测量雷氏夹指针尖端间的距离（A），精确到 0.5 mm，接着将试件放入沸煮箱水中的试件架上，指针朝上，试件之间互不交叉，在 30 min ± 5 min 内加热至水沸腾并恒沸 3 h ± 5 min。

（4）结果判别。在沸煮结束后，立即放掉沸煮箱中的热水，打开箱盖，待箱体冷却至室温，取出试件进行判别。测量雷氏夹指针尖端的距离（C），精确到 0.5 mm，当两个试件煮后增加距离（$C-A$）的平均值不大于 5.0 mm 时，即认为该水泥安定性合格；当两个试件的（$C-A$）值相差超过 4.0 mm 时，应用同一样品立即重做一次试验。再如此，则认为该水泥安定性不合格。

2. 试饼法（代用法）

（1）测定前的准备工作。每个样品需准备两块一般为 100 mm × 100 mm 的玻璃板，凡与水泥净浆接触的玻璃板都要稍稍涂上一层油。

（2）试饼的成型方法。将制好的标准稠度净浆取出一部分分成两等份，使之呈球形，放在预先准备好的玻璃板上，轻轻振动玻璃板并用湿布擦净的小刀由边缘向中央抹动，做成直径 70 mm～80 mm、中心厚约 10 mm、边缘渐薄、表面光滑的试饼，接着将试饼放入湿气养护箱内养护 24 h ± 2 h。

（3）沸煮。调整好沸煮箱内的水位，使之在整个沸煮过程中都能没过试件，不需中途添补试验用水，同时保证水温在 30 min ± 5 min 内能升至沸腾。

脱去玻璃板取下试件，用试饼法时，先检查试饼是否完整（如已开裂、翘曲，要检查原因，确定无外因时，该试饼已属不合格品，不必沸煮），在试饼无缺陷的情况下，将试饼放在沸煮箱水中的箅板上，然后在 30 min ± 5 min 内加热至水沸腾并恒沸 3 h ± 5 min。

（4）结果判别。在沸煮结束后，立即放掉沸煮箱中的热水，打开箱盖，待箱体冷却至室温，取出试件进行判别。目测试饼未发现裂缝，用钢直尺检查也没有弯曲（使钢直尺和试饼底部紧靠，以两者间不透光为不弯曲）的试饼为安定性合格，反之为不合格。当两个试饼判别结果有矛盾时，该水泥的安定性为不合格。试验记录见后水泥物理力学性能试验表。

试验五　水泥胶砂强度试验（ISO 法）

（GB/T 17671—1999）

一、试验目的

本试验的目的是测定水泥的抗折强度和抗压强度，从而确定水泥的强度等级。首先以 1 份水泥、3 份中国 ISO 标准砂，用 0.5 水灰比拌制塑性水泥胶砂，制成 40 mm × 40 mm × 160 mm 的标准试件，连模一起在湿气中养护 24 h；然后脱模在水中养护至规定龄期测其抗折强度和抗压强度，根据 28 d 的抗折强度和抗压强度确定水泥的强度等级。

二、仪器设备

（1）水泥胶砂搅拌机：水泥胶砂搅拌机由胶砂搅拌锅和搅拌叶片及相应的机构组成，属行星式搅拌机。

（2）振实台：胶砂试体成型振实台（图 2.5）由可以跳动的台盘和使其跳动的轮等组成。台盘上有固定试模用的卡具，并连有两根起稳定作用的臂，轮由电机带动，通过控制器控制按一定的要求转动并保证使台盘平衡上升至一定高度后自由下落，其中心恰好与止动器撞击。振实台应安装在高度约 400 mm 的混凝土基座上。

（3）试模：试模由 3 个水平的模槽组成。可同时成型 3 条截面为 40 mm × 40 mm × 160 mm 的棱形试体。在成型操作时，应在试模上面加有一个壁高 20 mm 的金属模套，当从上往下看时，模套壁与模型内壁应该重叠，超出内壁不应大于 1 mm。

（4）抗折强度试验机：通过 3 根圆柱轴的 3 个竖向平面应该平行，并在试验时继续保持平行和等距离垂直试体的方向，其中一根支撑圆柱和加荷圆柱能轻微倾斜使圆柱与试体完全接触，以便荷载沿试体宽度方向均匀分布，同时不产生任何扭转应力。

（5）抗压强度试验机：抗压强度试验机，在较大的量程范围内使用时，记录的荷载应满足 ±1% 的精度要求，并能按 2 400 N/s ± 200 N/s 的速率加荷。人工操纵的试验机应配有一个速度动态装置以便于控制荷载增加。

压力机的活塞竖向轴应与压力机的竖向轴重合，活塞作用的合力要通过试件中心。压力机的下压板表面应与压力机的轴线垂直并在加荷过程中一直保持不变。

（6）抗压强度试验机用夹具：当需要使用夹具时，应把它放在压力机的上下压板之间并与压力机处于同一轴线，以便将压力机的荷载传递至胶砂件表面，夹具应符合 JC/T683 的要求，受压面积为 40 mm × 40 mm。夹具要保持清洁，球座应能转动，上压板从一开始就能适应试体的形状并在试验中保持不变。

（7）刮平直尺和播料器：控制料层厚度和刮平胶砂的专用工具。

（8）试验筛、天平、量筒等。

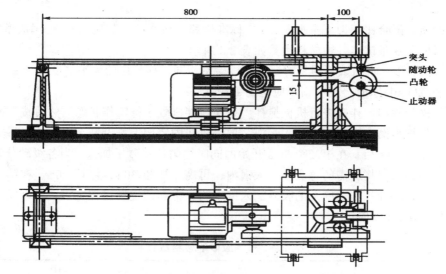

图 2.5　典型的振实台（尺寸单位：mm）

三、试验步骤

1. 试件成型

成型前将试模擦净，用黄干油等密封材料涂覆试模的外接缝，试模的内表面应涂上一薄层机油。

2. 胶砂组成

（1）基准砂：ISO 基准砂是由德国标准砂公司制备的 SiO_2 含量不低于 98% 的天然的圆形硅质砂组成，其颗粒分布在表 2.2 规定的范围内。

表2.2　ISO 基准砂颗粒分布

方孔边长/mm	累计筛余/%	方孔边长/mm	累计筛余/%
2.0	0	0.50	67±5
1.6	7±5	0.16	87±5
1.0	33±5	0.08	99±1

砂的筛析试验应采用代表性的样品来进行，每个筛子的筛析试验应进行至每分钟通过量小于 0.5 g 为止。砂的湿含量是在 105 ℃ ~ 110 ℃ 下用代表性砂样烘 2 h 的质量损失来测定，以干砂的质量百分数表示。砂的含水量应小于 0.2%。

（2）中国 ISO 标准砂：中国 ISO 标准砂完全符合 ISO 基准砂颗粒分布和含水量的规定。

（3）水泥：试验用水泥从取样到试验要保持 24 h 以上时，应把它储存在基本装满和气密的容器里，这个容器应不与水泥起反应。

（4）水：试验或其他重要试验用蒸馏水，其他试验可用饮用水。

3. 胶砂制备

胶砂的质量配合比应为 1 份水泥、3 份标准砂和 1 份水（水灰比 0.5）一锅成型 3 条。

（1）每成型 3 条试体各种材料用量如表 2.3 所示。

（2）水泥、砂、水和试验用具的温度与试验室相同，称量用的天平精度应为 ±1 g。当用自动滴管加 225 mL 水时，滴管精度应达到 ±1 mL。

（3）每锅胶砂用搅拌机进行机械搅拌。先使搅拌机处于待工作状态，然后按下面的程序进行操作：先把水倒入锅内，再加入水泥，把锅放在固定架上，上升至固定位置后立即开动机器，低速搅拌 30 s 后，在第二个 30 s 开始的同时均匀地将砂子加入，当各级砂分装时，从最粗粒级开始，依次将所需的每级砂倒入锅内，再高速拌和 30 s，停拌 90 s，在第一个 15 s 内用一胶皮刮具将叶片和锅壁上的胶砂刮入锅中间，再高速继续搅拌 60 s。各个搅拌阶段，时间误差应在 +1 s 以内。

表 2.3　每锅胶砂的材料数量

水泥品种	水泥/g	标准砂/g	水/mL
硅酸盐水泥 普通硅酸盐水泥 矿渣硅酸盐水泥 粉煤灰硅酸盐水泥 复合硅酸盐水泥 石灰石硅酸盐水泥	450 ± 2	1 350 ± 2	225 ± 1

4. 试件制备

（1）胶砂制备后立即成型。将空试模和模套固定在振实台上，用小勺从搅拌锅里把胶砂分两层装入试模，装第一层时，每个槽里约放 300 g 胶砂，用大播料器垂直架在模套顶部沿每个模槽来回一次将料层播平，接着振实 60 次。再装入第二层胶砂，用小播料器播平，再振实 60 次，移走模套，从振实台上取下试模，用一金属直尺以近似 90°的角度架在试模模顶的一端，然后沿试模长度方向以横向锯割动作慢慢向另一端移动，一次将超过试模部分的胶砂刮去，并用同一直尺以近乎水平的情况下将试体表面抹平。在试模上做标记或加字条对试件编号。

（2）当使用代用振动台成型时，操作如下：在搅拌胶砂的同时将试模和下料漏斗卡紧在振动台的中心。将搅拌好的全部胶砂均匀地装入下料漏斗中，开动振动台，胶砂通过漏斗流入试模。振动 120 s ± 5 s 停止。振动完毕，取下试模，用刮平尺以规定的刮平手法刮去其高出试模的胶砂并抹平，接着在试模上做标记或用字条表明试件编号。

5. 试件的养护

（1）脱模前的处理和养护。去掉留在试模四周的胶砂，立即将做好标记的试模放入雾室或湿箱的水平架子上养护，湿空气应能与试模各边接触。在养护时不应将试模放在其他试模上，一直养护到规定的脱模时间时取出脱模。脱模前，用防水墨汁或颜料笔对试体进行编号或做其他标记，对两个龄期以上的试体，在编号时应将同一试模中的三条试体分在两个以上龄期内。

（2）脱模。脱模应非常小心。对于 24 h 龄期的，应在破型试验前 20 min 内脱模；对于 24 h 以上龄期的，应在成型后 20 h ~ 24 h 脱模。

注：如经 24 h 养护，会因脱模对强度造成损害的，可以延迟至 24 h 以后脱模，但在试验报告中应予说明。

已确定作为 24 h 龄期试验（或其他不下水直接做试验）的已脱模试体，应用湿布覆盖至做试验时为止。

（3）水中养护。将做好标记的试件立即水平或竖直放在 20 ℃ ± 1 ℃ 水中养护，水平放置时刮平面应朝上，试件放在不易腐烂的箅子上（不宜用木箅子），并彼此间保持一定间距，以让水与试件的 6 个面接触。养护期间试件之间间隔或试体上表面的水深不得小于 5 mm。

每个养护池只养护同类型的水泥试件。最初用自来水装满养护池（或容器），随后随时加水保持适当的恒定水位。不允许在养护期间全部换水，除 24 h 龄期或延迟至 48 h 脱模的试体外，任何到龄期的试体应在试验（破型）前 15 min 从水中取出，揩去试体表面沉积物，并用湿布覆盖到试验为止。

（4）试体龄期从水泥加水搅拌开始试验时算起，不同龄期强度试验在下列时间里进行。

24 h ± 15 min　　48 h ± 30 min　　72 h ± 45 min　　7 d ± 2 h　　28 d ± 8 h

6. 强度测定

（1）抗折强度测定。

将试体一个侧面放在试验机支撑圆柱上，试体长轴垂直于支撑圆柱，通过加荷圆柱以 50 N/s ± 10 N/s 的速率均匀地将荷载垂直地加在棱柱体相对侧面上，直至折断。

保持两个半截棱柱体处于潮湿状态直至抗压试验。

抗折强度 R_f 以 MPa 表示，按式（2.2）计算。

$$R_f = \frac{1.5 F_f L}{b^3} \tag{2.2}$$

式中　R_f——抗折强度（MPa）；

F_f——破坏荷载（N）；

L——支撑圆柱中心距（mm）；

b——试件断面正方形的边长，为 40 mm。

（2）抗压强度测定。

在半截棱柱体的侧面上进行，半截棱柱体中心与压力机压板受压中心差应在 ±0.5 mm 内，棱柱体露在压板外的部分约 10 mm，以 2 400 N/s ± 200 N/s 的速率均匀地加荷直至破坏。抗压强度 R_c 以 MPa 表示，按式（2.3）计算。

$$R_c = \frac{F_c}{A} \tag{2.3}$$

式中　R_c——试件的抗压强度（MPa）；

　　　F_c——试件破坏时的最大荷载（N）；

　　　A——试件受压部分面积（mm^2），40 mm × 40 mm = 1 600 mm^2。

7. 水泥的合格检验

（1）以一组 3 个棱柱体抗折强度的平均值作为试验结果。当 3 个强度值中有 1 个超出平均值的 ±10% 时，应将其剔除后再取平均值作为抗折强度试验结果。

（2）以一组 3 个棱柱体上得到的 6 个抗压强度测定值的算术平均值为试验结果。如 6 个测定值中有 1 个超出平均值的 ±10%，将其剔除，以剩下 5 个的平均值为测定结果，如果 5 个测定值中再有超过它们平均值的 ±10% 的，则此组结果作废。

（3）各试体的抗折强度记录至 0.1 MPa，按规定计算平均值，计算精确到 0.1 MPa。各个半棱柱体得到的单个抗压强度结果计算至 0.1 MPa，按规定计算平均值，计算精确至 0.1 MPa。

试验记录见表 2.4。

表 2.4　水泥物理力学性能试验记录

项目名称				试验单位			
取样地点			使用部位			试验日期		
厂牌种类			水泥等级			试验规程编号		
材料用量 1 350 g 砂 + 450 g 水泥 + 225 g 水		3 d 龄期			28 d 龄期			细度
		荷载 /kN	强度 /MPa	平均值 /MPa	荷载 /kN	强度 /MPa	平均值 /MPa	样品质量 = 　　g 筛余质量 = 　　g 细度 = $\dfrac{筛余质量}{样品质量}$ = （硅酸盐水泥进行比表面积试验）
	抗折							
	抗压							安定性测定
								标准法 ｜ 代用法 C − A = 结论： 结果：1.弯曲 2.开裂 3.正常

44

凝结时间	第一次加水量		g	加水时间：	时	分	沉入度		mm	稠度		%
	第二次加水量		g	加水时间：	时	分	沉入度		mm	稠度		%
	第三次加水量		g	加水时间：	时	分	沉入度		mm	稠度		%
	序号	时 间	读 数	序 号	时 间	读 数	序 号	时 间	读 数			
	1			6			11					
	2			7			12					
	3			8			13					
	4			9			14					
	5			10			15					
	初凝时间： 时 分						终凝时间： 时 分					

结论：

试验者_____　　　组别_____　　　成绩_____　　　试验日期_____

试验六　水泥胶砂流动度测定试验

（GB/T 2419—2005）

一、试验范围

本标准适用于水泥胶砂流动度的测定，通过测量一定配比的水泥胶砂在规定振动状态下的扩展范围来衡量其流动性。

二、试验设备

跳桌、水泥胶砂搅拌机、卡尺、天平。

三、试验条件及材料

应符合规范中试验室和设备的有关规定。胶砂材料用量按相应标准要求或试验设计确定。

四、试验方法

（1）如跳桌在 24 h 内未被使用，先空跳一个周期 25 次。

（2）胶砂制备按有关规定进行。在制备胶砂的同时，用潮湿棉布擦拭跳桌台面、试模内壁、捣棒以及与胶砂接触的用具，将试模放在跳桌台面中央并用潮湿棉布覆盖。

（3）将拌好的胶砂分两层迅速装入流动试模，第一层装至截锥圆模高度约三分之二处，用小刀在相互垂直两个方向各画 5 次，用捣棒由边缘至中心均匀捣压 15 次；随后，装第二层胶砂，装至高出截锥圆模约 20 mm，用小刀画 10 次再用捣棒由边缘至中心均匀捣压 10 次，捣压后胶砂应略高于试模。捣压深度，第一层捣至胶砂高度的二分之一，第二层捣实不超过已捣实底层表面。在装胶砂和捣压时，用手扶稳试模，不要使其移动。

（4）在捣压完毕后，取下模套，用小刀由中间向边缘分两次将高出截锥圆模的胶砂刮去并抹平，擦去落在桌面上的胶砂。将截锥圆模垂直向上轻轻提起。立刻开动跳桌，约每秒钟 1 次，在 25 s ± 1 s 内完成 25 次跳动。

（5）在跳动完毕后，用卡尺测量胶砂底面最大扩散直径及与其垂直的直径，计算平均值，取整数，用 mm 为单位表示，即为该水量的水泥胶砂流动度。流动度试验，从胶砂拌和开始到测量扩散直径结束，应在 6 min 内完成。

五、试验记录

试验记录见表 2.5。

表 2.5　水泥胶砂流动度测定试验记录

次数	水泥	水	砂	流动度/mm	平均值/mm
1					
2					
3					

试验者＿＿＿＿＿　　　组别＿＿＿＿＿　　　成绩＿＿＿＿＿　　　试验日期＿＿＿＿＿

第三章
水泥混凝土和建筑砂浆试验

试验一 水泥混凝土拌制和工作性试验

（GB/T 50080—2002）

一、水泥混凝土拌和物的拌制

1. 人工拌制

1）试验仪具

（1）拌板：1 m×2 m 的金属板 1 块。

（2）铁铲：手工拌和用，1 把。

（3）量斗（或其他容器）：装水泥及各种集料用，1 个。

（4）量水容器：1 个。

（5）抹布：1 块。

（6）台秤：称量 50 kg，分度值 0.5 kg，1 台。

2）拌制步骤

（1）清除拌板上黏着的混凝土，并用湿布试润；然后按计算结果称取材料，分别装在各容器中。

（2）将称好的砂置于拌板上，然后倒上所需数量的水泥，用铁铲拌和至呈均一颜色为止。

（3）加入所需数量的粗集料，并将全部拌和物加以拌和，使粗集料在整个干拌和物中均匀为止。

（4）将该拌和物收集成椭圆形的堆，在堆的中心扒一凹穴，将所需水的一半注入凹穴中，仔细拌和材料与水，不使水流散，重新将材料堆集成堆，并将剩下的水渐渐加入，继续用铲将混凝土混合料进行拌和（至少来回翻拌 6 遍），直至彻底拌匀为止。拌和时间（由注水时起）如表 3.1 规定。

表 3.1 拌和时间

拌和物体积/L	< 30	31 ~ 50	51 ~ 70
拌和时间/min	> 4 ~ 5	5 ~ 9	9 ~ 12

（5）在试验室制备混凝土拌和物时，试验室的温度应保持在 20 °C ± 5 °C，所用材料的温度应与试验室温度一致。

注：需要模拟施工条件下所用的混凝土时，所用原材料的温度宜与施工现场保持一致。

（6）试验室拌和混凝土时，材料用量应以质量计。称量精度：骨料为 ±1%；水、水泥、掺和料、外加剂均为 ±0.5%。

（7）从试样制备完毕到开始做各项性能试验不宜超过 5 min。

2．机械拌制

1）试验仪具

（1）试验室用混凝土拌和机：容积为 75 L ~ 100 L，转速为 18 r/min ~ 22 r/min。

（2）铁铲。

（3）量斗及其他容器：装水泥和各种集料用。

（4）台秤：称量 50 kg，分度值 0.5 kg。

（5）拌板：1 m × 2 m 的金属板。

（6）天平：称量 500 g，分度值 1 g。

（7）量筒：1 000 mL。

2）拌制步骤

（1）按计算结果将所需材料分别称好，装在各容器中。

（2）使用拌和机前，应先用少量砂浆进行涮膛，再刮出涮膛砂浆，以避免正式拌和混凝土时，水泥浆（黏附筒壁）损失。涮膛砂浆的水灰比及砂灰比，与正式混凝土相同。

（3）将称好的各种原材料，往拌和机内按顺序加入石子、砂和水泥，开动拌和机，将材料拌和均匀。在拌和过程中，将水徐徐加入，全部加料时间不宜超过 2 min。水全部加入后，继续拌和 2 min，然后将拌和物倾倒在拌和板上，再经人工翻拌 1 min ~ 2 min，务使拌和物均匀一致。

所得的混凝土拌和物，可供做工作性试验或水泥混凝土强度试验用。

混凝土拌和机及拌板在使用后必须立即仔细清洗。

二、水泥混凝土拌和物工作性试验

1．概　述

新拌混凝土拌和物，必须具备一定流动性，且均匀、不离析、不泌水、容易抹平等，以适合运送、灌筑、捣实等施工要求。这些性质总称为工作性，通常用稠度表示。测定稠度的方式有坍落度与坍落扩展度试验和维勃稠度试验。

坍落度与坍落扩展度试验方法适用于集料最大粒径不大于 40 mm、坍落度值不小于 10 mm 的混凝土拌和物稠度测定；维勃稠度试验方法适用于集料最大粒径不大于 40 mm、维勃稠度在 5 s ~ 30 s 的混凝土拌和物稠度测定。坍落度不大于 50 mm 或干硬性混凝土和维勃稠度大于 30 s 的特干硬性混凝土拌和物的稠度可采用增实因数法来测定。

2. 坍落度与坍落扩展度试验

1）试验仪具

（1）坍落度筒：构造和尺寸如图 3.1 所示。坍落度筒为铁板制成的截头圆锥筒，厚度应不小于 1.5 mm，内侧平滑，没有铆钉头之类的突出物，在筒上方约 2/3 高度处安装两个把手，近下端两侧焊两个踏脚板，以保证坍落度筒可以稳定操作。

（2）捣棒：直径 16 mm、长约 600 mm，并具有半球形端头的钢质圆棒。

（3）其他：小铲、钢尺、喂料斗、馒刀和钢平板等。

2）试验方法

（1）湿润坍落度筒及底板，在坍落度筒内壁和底板上应无明水。底板应放置在坚实水平面上，并把筒放在底板中心，然后用脚踩住两边的脚踏板，坍落度筒在装料时应保持固定的位置。

（2）把按要求取得的混凝土试样用小铲分三层均匀地装入筒内，使捣实后每层高度为筒高的三分之一左右。每层用捣棒插捣 25 次。插捣应沿螺旋方向由外向中心进行，各次插捣应在截面上均匀分布。插捣筒边混凝土时，捣棒可以稍稍倾斜。插捣底层时，捣棒应贯穿整个深度，插捣第二层和顶层时捣棒应插透本层至下一层的表面；浇灌顶层时，混凝土应灌到高出筒口。插捣过程中，如混凝土沉落到低于筒口，则应随时添加。顶层插捣完后，刮去多余的混凝土，并用抹刀抹平。

（3）清除筒边底板上的混凝土后，垂直平稳地提起坍落度筒。坍落度筒的提离过程应在 5 s ~ 10 s 内完成；从开始装料到提坍落度筒的整个过程应不间断地进行，并应在 150 s 内完成。

（4）提起坍落度筒后，测量筒高与坍落后混凝土试体最高点之间的高度差，即为该混凝土拌和物的坍落度值；当坍落度筒提离后，如混凝土发生崩坍或一边剪现象，则应重新取样另行测定。如第二次试验仍出现上述现象，则表示该混凝土和易性不好，应予记录备查。

（5）观察坍落后的混凝土试体的黏聚性及保水性。黏聚性的检查方法是用捣棒在已坍落的混凝土锥体侧面轻轻敲打，此时如果锥体逐渐下沉，则表示黏聚性良好，如果锥体倒塌、部分崩裂或出现离析现象，则表示黏聚性不好。保水性以混凝土拌和物稀浆析出的程度来评定，坍落度筒提起后如有较多的稀浆从底部析出，锥体部分的混凝土也因失浆而骨料外露，则表明此混凝土拌和物的保水性能不好；如坍落度筒提起后无稀浆或仅有少量稀浆自底部析出，则表示此混凝土拌和物保水性良好。

（6）当混凝土拌和物的坍落度大于 220 mm 时，用钢尺测量混凝土扩展后最终的最大直径与最小直径，在这两个直径之差小于 50 mm 的条件下，用其算术平均值作为坍落扩展度值；否则，此次试验无效。

如果发现粗骨料在中央集堆或边缘有水泥浆析出，表示此混凝土拌和物抗离析性不好，应予记录。

混凝土拌和物坍落度和坍落扩展度值以毫米为单位，测量精确至 1 mm，结果表达修约至 5 mm。

3. 维勃稠度试验

1）试验仪具

（1）维勃稠度计：构造如图 3.2 所示。

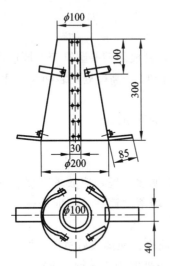

图 3.1 坍落度试验用坍落度筒
（尺寸单位：mm）

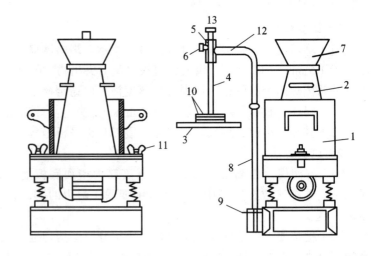

图 3.2 维勃稠度计

1—容器；2—坍落度筒；3—圆盘；4—滑棒；5—套筒；6—螺栓；7—漏斗；
8—支柱；9—定位螺丝；10—荷重；11—元宝螺丝；
12—旋转架；13—螺栓

（2）其他：秒表、捣棒、镘刀等。

2）试验方法

（1）维勃稠度仪应放置在坚实水平面上，用湿布把容器、坍落度筒、喂料斗内壁及其他用具润湿。

（2）将喂料斗提到坍落度筒上方扣紧，校正容器位置，使其中心与喂料中心重合，然后拧紧固定螺丝。把按要求取样或制作的混凝土拌和物试样按坍落度试验方法用小铲分 3 层经喂料斗均匀地装入筒内，每层捣 25 次，抹平筒口，把喂料斗转离，垂直地提起坍落度筒，应注意不使混凝土试体产生横向扭动。

（3）把透明圆盘转到混凝土圆台体顶面，放松测杆螺钉，降下圆盘，使其轻轻接触到混凝土顶面。

（4）拧紧定位螺钉，并检查测杆螺钉是否已经完全放松。在开启振动台的同时用秒表计时，当振动到透明圆盘的底面被水泥浆布满的瞬间停止计时，并关闭振动台。

（5）由秒表读出时间即为该混凝土拌和物的维勃稠度值，精确至 1 s。

三、表观密度的测定

本方法适用于测定混凝土拌和物捣实后的单位体积质量（即表观密度）。

1. 试验仪器

（1）容量筒：金属制成的圆筒，两旁装有提手。对骨料最大粒径不大于 40 mm 的拌和物采用容积为 5 L 的容量筒，其内径与内高均为 186 mm ± 2 mm，筒壁厚为 3 mm；骨料最大粒径大于 40 mm 时，容量筒的内径与内高均应大于骨料最大粒径的 4 倍。容量筒上缘及内壁应光滑平整，顶面与底面应平行并与圆柱体的轴垂直。

容量筒容积应予以标定，标定方法可采用一块能覆盖住容量筒顶面的玻璃板，先称出玻璃板和空桶的质量，然后向容量筒中灌入清水，当水接近上口时，一边不断加水，一边把玻璃板沿筒口徐徐推入盖严，应注意使玻璃板下不带入任何气泡；然后擦净玻璃板面及筒壁外的水分，将容量筒连同玻璃板放在台秤上称其质量；两次质量之差（kg）即为容量筒的容积（L）。

（2）台秤：称量 50 kg，感量 50 g。

（3）振动台：应符合《混凝土试验室用振动台》（JG/T 3020）中技术要求的规定。

（4）捣棒：JG 3021 中规定的直径 16 mm、长 600 mm、端部呈半球形的捣棒。

2. 混凝土拌和物表观密度试验

应按以下步骤进行：

（1）用湿布把容量筒内外擦干净，称出容量筒质量，精确至 50 g。

（2）混凝土的装料及捣实方法应根据拌和物的稠度而定。坍落度不大于 70 mm 的混凝土，用振动台振实为宜；大于 70 mm 的用捣棒捣实为宜。采用捣棒捣实时，应根据容量筒的大小决定分层与插捣次数：用 5 L 容量筒时，混凝土拌和物应分 2 层装入，每层的插捣次数应为 25 次；用大于 5 L 的容量筒时，每层混凝土的高度不应大于 100 mm，每层插捣次数应按每 10 000 mm² 截面不小于 12 次计算。各次插捣应由边缘向中心均匀地插捣，插捣底层时捣棒应贯穿整个深度，插捣第二层时，捣棒应插透本层至下一层的表面。每一层捣完后用橡皮锤轻轻沿容器外壁敲打 5 次 ~ 10 次，进行振实，直至拌和物表面插捣孔消失并不见大气泡为止。

采用振动台振实时，应一次将混凝土拌和物灌到高出容量筒口。当装料时可用捣棒稍加插捣，在振动过程中如混凝土低于筒口，应随时添加混凝土，振动直至表面出浆为止。

（3）用刮尺将筒口多余的混凝土拌和物刮去，表面如有凹陷应填平；将容量筒外壁擦净，称出混凝土试样与容量筒总质量，精确至 50 g。

3. 混凝土拌和物表观密度的计算

应按下式计算：

$$r_h = \frac{w_2 - w_1}{v} \times 1\,000 \qquad (3.1)$$

式中　r_h——表观密度（kg/m³）；

　　　w_1——容量筒质量（kg）；

　　　w_2——容量筒和试样总质量（kg）；

　　　v——容量筒容积（L）。

试验结果的计算精确至 10 kg/m³。

四、试件成型与养护方法

（1）经稠度试验合格的混合料为测定技术性质，必须制备成各种不同尺寸的试件。试件成型按下列方法：

① 试模内表面应涂一薄层矿物油或其他不与混凝土发生反应的脱模剂。

② 取样或试验室拌制的混凝土应在拌制后尽短的时间内成型，一般不宜超过 15 min。

③ 根据混凝土拌和物的稠度确定混凝土成型方法，坍落度不大于 70 mm 的混凝土宜用振动振实；大于 70 mm 的宜用捣棒人工捣实；检验现浇混凝土或预制构件的混凝土，试件成型方法宜与实际采用的方法相同。

混凝土试件制作应按下列步骤进行：

取样或拌制好的混凝土拌和物应至少用铁锹再来回拌和 3 次，选择成型方法成型。

用振动台振实制作试件应按下述方法进行：

① 将混凝土拌和物一次装入试模，装料时应用抹刀沿各试模壁插捣，并使混凝土拌和物高出试模口。

② 试模应附着或固定在振动台上，振动时试模不得有任何跳动，振动应持续到表面出浆为止，不得过振。

用人工插捣制作试件应按下述方法进行：

① 混凝土拌和物应分两层装入模内，每层的装料厚度大致相等。

② 插捣应按螺旋方向从边缘向中心均匀进行。在插捣底层混凝土时，捣棒应达到试模底部；插捣上层时，捣棒应贯穿上层后插入下层 20 mm ~ 30 mm；插捣时捣棒应保持垂直，不得倾斜。然后应用抹刀沿试模内壁插拔数次。

③ 每层插捣次数按在 10 000 mm^2 截面面积内不得少于 12 次。

④ 插捣后应用橡皮锤轻轻敲击试模四周，直至插捣棒留下的空洞消失为止。

⑤ 刮除试模上口多余的混凝土，待混凝土临近初凝时，用抹刀抹平。

试件的尺寸应根据混凝土中骨料的最大粒径按表 3.2 选定。

表 3.2　混凝土试件尺寸选用表

试件横截面尺寸/（mm×mm）	骨料最大粒径/mm	
	劈裂抗拉强度试验	其他试验
100×100	20	31.5
150×150	40	40
200×200	—	63

注：骨料最大粒径指的是符合《普通混凝土用碎石或卵石质量标准及检验方法》（JGJ53—92）中规定的圆孔筛的孔径。

尺寸公差：

① 试件的承压面的平面度公差不得超过 0.000 5 d（d 为边长）。

② 试件的相邻面间的夹角应为 90°，其公差不得超过 0.5°。

③ 试件各边长、直径和高的尺寸公差不得超过 1 mm。

（2）试件的养护：

① 试件成型后应立即用不透水的薄膜覆盖表面。

② 采用标准养护的试件，应在温度为 20 ℃ ± 5 ℃ 的环境中静放 1 昼夜 ~ 2 昼夜，然后编号、拆模。拆模后应立即放入温度为 20 ℃ ± 2 ℃，相对湿度为 95% 以上的标准养护室中养护，或在温度为 20 ℃ ± 2 ℃ 的不流动的 $Ca(OH)_2$ 饱和溶液中养护。标准养护室内的试件应放在支架上，彼此间隔 10 mm ~ 20 mm，试件表面应保持潮湿，并不得被水直接冲淋。

③ 同条件养护试件的拆模时间可与实际构件的拆模时间相同，拆模后，试件仍需保持同条件养护。标准养护龄期为 28 d（从搅拌加水开始计时）。

以上试验记录见表 3.3。

表 3.3　水泥混凝土配合比设计及工作性、表观密度记录

设计条件	设计强度	使用地点和部位	施工方法	坍 落 度	备 注

（一）水 泥：品 种　　　　　　　水泥抗压强度：抗压　　　　抗折　　　　MPa
　　　　　　厂 牌　　　　　　　出 厂 日 期

（二）细集料：类 别　　　　　　　产 地
　　　表观密度　　　　　　　　细度模数

（三）粗集料：　　　　　　　　　　掺配率：　　　　甲（　）%
　　　类 别：　　　　　　　　　　　　　　　　　乙（　）%
　　　产 地：　　　　　　　　　　　　　　　　　丙（　）%

（四）配比设计（质量比），材料用量表 /（kg/m^3）：

	水 泥	细集料	粗集料	水	外加剂
水灰比　　　　　　　　含砂率　　　%					

（五）试拌记录：

试拌日期　　　　年　　月　　日　拌和方法：　　拌和　　　　捣插
实测坍落度：　　　　　mm　或　　　稠度：　　　　s
棍度：　　　　　　　　抹面：　　　　　　　黏聚性：
混凝土理论密度：　　　　kg/m^3　　　实际密度：　　　　kg/m^3
试件养护情况：温度　　　　℃　　　　相对湿度：　　　　%

	3 d	7 d	14 d	28 d	推算的 28 d
试件抗压强度 /MPa					

试验者_____　　　组别_____　　　成绩_____　　　试验日期_____

试验二 水泥混凝土含气量试验

一、试验范围

本方法适于骨料最大粒径不大于 40 mm 的混凝土拌和物含气量测定。

二、试验设备

（1）含气量测定仪：含气量测定仪如图 3.3 所示，由容器及盖体两部分组成。容器：应由硬质不易被水泥浆腐蚀的金属制成，内表面粗糙度不应大于 3.2 μm，内径应与深度相等，容积为 7 L。盖体：应用与容器相同的材料制成。盖体部分应包括有气室、水找平室、加水阀、排水阀、操作阀、进气阀、排气阀及压力表。压力表的量程为 0～0.25 MPa，精度为 0.01 MPa。容器及盖体之间应设置密封垫圈，用螺栓连接，连接处不得有空气存留，并保证密闭。

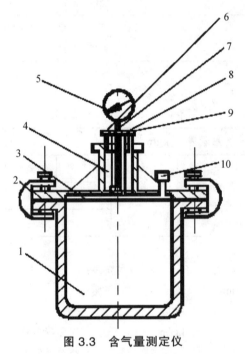

图 3.3 含气量测定仪

1—容器；2—盖体；3—水找平室；4—气室；5—压力表；6—排气阀；
7—操作阀；8—排水阀；9—进气阀；10—加水阀

（2）捣棒：符合 JG 3021 中有关技术要求的规定。圆钢制成，表面应光滑，其直径为 16 mm ± 0.1 mm，长度为 600 mm ± 5 mm，且端部呈半球形。

（3）振动台：应符合《混凝土试验室用振动台》（JG/T 3020）中技术要求的规定。

（4）台秤：称量 50 kg，感量 50 g。

（5）橡皮锤：应带有质量约 250 g 的橡皮锤头。

三、试验步骤

1. 集料含气量的测定

在进行拌和物含气量测定之前，应先按下列步骤测定拌和物所用集料的含气量。

（1）应按下式计算每个试样中粗、细集料的质量：

$$m_g = \frac{V}{1\,000} \times m'_g \tag{3.2a}$$

$$m_s = \frac{V}{1\,000} \times m'_s \tag{3.2b}$$

式中　m_g，m_s——每个试样中的粗、细集料质量（kg）；

　　　m'_g，m'_s——每立方米混凝土拌和物中粗、细集料质量（kg）；

　　　V——含气量测定仪容器容积（L）。

（2）在容器中先注入 1/3 高度的水，然后把通过 40 mm 网筛的质量为 m_g 及 m_s 的粗、细集料称好、拌匀，慢慢倒入容器。水面每升高 25 mm 左右，轻轻插捣 10 次，并略予搅动，以排除夹杂进去的空气，在加料过程中应始终保持水面高出集料的顶面；集料全部加入后，应浸泡约 5 min，再用橡皮锤轻敲容器外壁，排净气泡，除去水面泡沫，加水至满，擦净容器上口边缘；装好密封圈，加盖拧紧螺栓。

（3）关闭操作阀和排气阀，打开排水阀和加水阀，通过加水阀，向容器内注入水；当排水阀流出的水流不含气泡时，在注水的状态下，同时关闭加水阀和排水阀。

（4）开启进气阀，用气泵向气室内注入空气，使气室内的压力略大于 0.1 MPa，待压力表显示值稳定；微开排气阀，调整压力至 0.1 MPa，然后关紧排气阀。

（5）开启操作阀，使气室里的压缩空气进入容器，待压力表显示值稳定后记录示值 P_{g1}，然后开启排气阀，压力仪表示值应回零。

（6）重复以上第（4）条、第（5）条试验，对容器内的试样再检测一次记录表值 P_{g2}。

（7）若 P_{g1} 和 P_{g2} 的相对误差小于 0.2%，则取 P_{g1} 和 P_{g2} 的算术平均值，按压力与含气量关系曲线（含气量测定仪的率定）查得集料的含气量（精确 0.1%）；若不满足，则应进行第三次试验。测得压力值 P_{g3}（MPa）。当 P_{g3} 与 P_{g1}、P_{g2} 中较接近一个值的相对误差不大于 0.2% 时，则取此二值的算术平均值。当仍大于 0.2% 时，则此次试验无效，应重做。

2. 混凝土拌和物含气量试验

（1）用湿布擦净容器和盖的内表面，装入混凝土拌和物试样。

（2）捣实可采用手工或机械方法。当拌和物坍落度大于 70 mm 时，宜采用手工插捣；当拌和物坍落度不大于 70 mm 时，宜采用机械振捣，如振动台或插入式振捣器等。

用捣棒捣实时，应将混凝土拌和物分 3 层装入，每层捣实后高度约为 1/3 容器高度；每层装料后由边缘向中心均匀地插捣 25 次，捣棒应插透本层高度，再用木槌沿容器外壁重击 10

次～15次，使插捣留下的插孔填满。最后一层装料应避免过满。

采用机械捣实时，一次装入捣实后体积为容器容量的混凝土拌和物，装料时可用捣棒稍加插捣，在振实过程中如拌和物低于容器口，应随时添加；振动至混凝土表面平整、表面出浆即止，不得过度振捣。若使用插入式振动器捣实，应避免振动器触及容器内壁和底面。

在施工现场测定混凝土拌和物含气量时，应采用与施工振动频率相同的机械方法捣实。

（3）在捣实完毕后立即用刮尺刮平，表面如有凹陷应予填平抹光。

如需同时测定拌和物表观密度时，则可在此时称量和计算；然后在正对操作阀孔的混凝土拌和物表面贴一小片塑料薄膜，擦净容器上口边缘，装好密封垫圈，加盖并拧紧螺栓。

（4）关闭操作阀和排气阀，打开排水阀和加水阀，通过加水阀，向容器内注入水；当排水阀流出的水流不含气泡时，在注水的状态下，同时关闭加水阀和排水阀。

（5）然后开启进气阀，用气泵注入空气至气室内压力略大于 0.1 MPa，待压力示值仪表示值稳定后，微微开启排气阀，调整压力至 0.1 MPa，关闭排气阀。

（6）开启操作阀，待压力示值仪稳定后，测得压力值 P_{01}（MPa）。

（7）开启排气阀，压力仪示值回零；重复上述（5）至（6）的步骤，对容器内试样再测一次压力值 P_{02}（MPa）。

（8）若 P_{01} 和 P_{02} 的相对误差小于 0.2% 时，则取 P_{01}、P_{02} 的算术平均值，按压力与含气量关系曲线查得含气量 A_0（精确至 0.1%）；若不满足，则应进行第三次试验，测得压力值 P_{03}（MPa）。当 P_{03} 与 P_{01}、P_{02} 中较接近一个值的相对误差不大于 0.2% 时，则取此二值的算术平均值查得 A_0；当仍大于 0.2% 时，此次试验无效。

四、试验结果及计算

混凝土拌和物含气量应按下式计算：

$$A = A_0 - A_g \tag{3.3}$$

式中　A——混凝土拌和物含气量（%）；

A_0——两次含气量测定的平均值（%）；

A_g——集料含气量（%），计算精确至 0.1%。

五、含气量测定仪容器容积的标定及率定

1. 容器容积的标定

（1）擦净容器，并将含气量仪全部安装好，测定含气量仪的总质量，测量精确至 50 g。

（2）往容器内注水至上缘，然后将盖体安装好，关闭操作阀和排气阀，打开排水阀和加

水阀，通过加水阀，向容器内注入水；当排水阀流出的水流不含气泡时，在注水的状态下，同时关闭加水阀和排水阀，再测定其总质量，测量精确至 50 g。

（3）容器的容积应按下式计算：

$$V = \frac{m_2 - m_1}{\rho_\mathrm{w}} \times 1\,000 \qquad\qquad (3.4)$$

式中 V——含气量仪的容积（L）；

m_1——干燥含气量仪的总质量（kg）；

m_2——水、含气量仪的总质量（kg）；

ρ_w——容器内水的密度（kg/m³）。

计算应精确至 0.01 L。

2. 含气量测定仪的率定

（1）按混凝土拌和物含气量试验步骤中第（5）条至第（8）条的操作步骤测得含气量为 0 时的压力值。

（2）开启排气阀，压力示值器示值回零；关闭操作阀和排气阀，打开排水阀，在排水阀口用量筒接水；用气泵缓缓地向气室内打气，当排出的水恰好是含气量仪体积的 1% 时，按上述步骤测得含气量为 1% 时的压力值。

（3）如此继续测取含气量分别为 2%、3%、4%、5%、6%、7%、8% 时的压力值。

（4）以上试验均应进行两次，各次所测压力值均应精确至 0.01 MPa。

（5）对以上的各次试验均应进行检验，其相对误差均应小于 0.2%；否则应重新率定。

（6）据此检验以上含气量 0，1%，…，8% 共 9 次的测量结果，绘制含气量与气体压力之间的关系曲线。

试验记录表见表 3.4。

表 3.4 水泥混凝土拌和物含气量试验记录

结构物名称　　　　　　　　　　　　　结构部位（现场桩号）

试样描述

压力值/MPa			集料含气量 C/%	拌和物测定含气量 A_1/%	拌和物含气量 A/%	备注
测定次数	集料 P_g	拌和物 P_0				
①	②	③	④	⑤	⑥	⑦
1						
2						
3						
平均值						

含气量标定		含气量与压力值关系曲线
含气量 /%	平均压力值 /MPa	
⑧	⑨	
0		
1		
2		
3		
4		
5		
6		
7		
8		
9		
10		

结论：

试验者＿＿＿＿＿＿　　　组别＿＿＿＿＿＿　　　成绩＿＿＿＿＿＿　　　试验日期＿＿＿＿＿＿

试验三　水泥混凝土的强度试验

（GB/T 50081—2002）

一、水泥混凝土抗压强度试验

1. 概　述

水泥混凝土抗压强度，是按标准方法制作的 150 mm×150 mm×150 mm 立方体试件，在温度为 20 ℃±2 ℃ 及相对湿度为 95% 以上的标准养护室中养护，或在温度为 20 ℃±2 ℃ 的不流动的 $Ca(OH)_2$ 饱和溶液中养护至 28 d 后，用标准试验方法测试，并按规定计算方法得到的强度值。

2. 试验仪具

（1）压力试验机：符合《液压式压力试验机》（GB/T 3722）及《试验机通用技术要求》（GB/T 2611）中技术要求外，压力机的精确度（示值的相对误差）应在 ±1%，试件破坏荷载应大于压力机全量程的 20% 且小于压力机全量程的 80%。

应具有加荷速度指示装置或加荷速度控制装置，并应能均匀、连续地加荷。

应具有有效期内的计量检定证书。

混凝土强度等级≥C60 时，试件周围应设防崩裂网罩。压力试验机上、下压板承压面的平面度公差为 0.04 mm；表面硬度不小于 55HRC；硬化层厚度约为 5 mm。否则试验机上、下压板与试件之间应各垫以符合要求的钢垫板。

（2）钢尺：精度 1 mm。

（3）台秤：称量 100 kg，分度值为 1 kg。

3. 试验方法

（1）试件从养护地点取出后应及时进行试验，将试件表面与上下承压板面擦干净。

（2）将试件安放在试验机的下压板或垫板上，试件的承压面应与成型时的顶面垂直。试件的中心应与试验机下压板中心对准，开动试验机，当上压板与试件或钢垫板接近时，调整球座，使接触均衡。

（3）在试验过程中连续均匀地加荷。当混凝土强度等级 < C30 时，加荷速度取每秒钟 0.3 MPa ~ 0.5 MPa；当混凝土强度等级≥C30 且 < C60 时，取每秒钟 0.5 MPa ~ 0.8 MPa；当混凝土强度等级≥C60 时，取每秒钟 0.8 MPa ~ 1.0 MPa。

（4）当试件接近破坏而开始急剧变形时，应停止调整试验机油门，直至破坏。然后记录破坏荷载。

4. 试验结果计算

（1）混凝土立方体抗压强度应按下式计算：

$$f_{cc} = F/A \qquad (3.5)$$

式中　f_{cc}—混凝土立方体试件抗压强度（MPa）；

　　　F——极限荷载（N）；

　　　A——试件承压面积（mm^2）。

混凝土立方体抗压强度计算应精确至 0.1 MPa。

（2）强度值的确定应符合下列规定：

以 3 个试件测值的算术平均值作为该组试件的强度值（精确至 0.1 MPa）。3 个测值中的最大值和最小值有一个与中间值的差值超过中间值的 15%，则把最大值及最小值一并舍弃，取中间值作为该组试件的抗压强度值；如最大值和最小值与中间值的差均超过中间值的 15%，则该组试验结果无效。

（3）混凝土强度等级 < C60 时，用非标准试件测得的强度值均应乘以尺寸换算系数，200 mm × 200 mm × 200 mm 试件为 1.05，100 mm × 100 mm × 100 mm 试件为 0.95。当混凝土强度等级≥C60 时，宜采用标准试件；使用非标准试件时，尺寸换算系数应由试验确定。

5. 试验记录

试验记录表见表 3.5。

表 3.5 水泥混凝土立方体抗压强度试验记录

试件编号	制备日期	试验日期	龄期/d	最大荷载 F/N	试件尺寸/mm	试件截面面积 A/mm²	抗压强度		换算系数	换算后 f_{cci}/MPa
							个别值 f_{cci}/MPa	代表值/MPa		

试验者＿＿＿＿＿＿＿   组别＿＿＿＿＿＿＿   成绩＿＿＿＿＿＿＿   试验日期＿＿＿＿＿＿＿

二、水泥混凝土抗折强度试验

1．概　述

水泥混凝土抗折强度是水泥混凝土路面设计的重要参数。在水泥混凝土路面施工时，为了保证施工质量，也必须按规定测定抗折强度。

水泥混凝土抗折强度是以 150 mm × 150 mm × 600 mm（或 550 mm）的棱柱体试件，在标准养护条件下达到规定龄期后，在净跨 450 mm、双支点荷载作用下弯拉破坏，并按规定的计算方法得到的强度值。

2．试验仪具

（1）试验机：压力试验机或万能试验机。

（2）抗折试验装置：试验机应能施加均匀、连续、速度可控的荷载，并带有能使两个相等荷载同时作用在试件跨度 3 分点处的抗折试验装置，如图 3.4 所示。

（3）试件的支座和加荷头应采用直径为 20 mm ~ 40 mm、长度不小于 $b + 10$ mm 的硬钢圆柱（ b 为试件截面宽度），支座立脚点固定铰支，其他应为滚动支点。

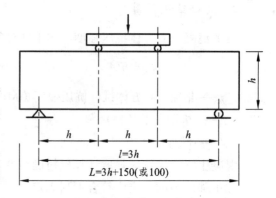

图 3.4 抗折试验装置（尺寸单位：mm）

3．试验方法

（1）试验前先检查试件，将试件表面擦干净。试件中部 1/3 长度内不得有表面直径超过 5 mm、深度超过 2 mm 的孔洞，否则该试件应作废。

（2）在试件中部量出其宽度和高度，精确至 1 mm。安装尺寸偏差不得大于 1 mm。试件的承压面应为试件成型时的侧面。支座及承压面与圆柱压面与圆柱的接触面应平稳、均匀，否则应垫平。

（3）施加荷载应均匀、连续。当混凝土强度等级<C30 时，加荷速度取 0.02 MPa/s ~ 0.05 MPa/s；当混凝土强度等级≥C30 且<C60 时，加荷速度取 0.05 MPa/s ~ 0.08 MPa/s；当混

凝土强度等级≥C60时，取 0.08 MPa/s~0.10 MPa/s。当试件接近破坏时，应停止试验机油门，直至试件破坏。记录破坏荷载及试件下边缘断裂位置。

4. 试验结果计算

（1）若试件下边缘断裂位置处于两个集中荷载作用线之间，抗折强度为：

$$f_f = \frac{FL}{bh^2} \qquad (3.6)$$

式中　　F——试件破坏荷载（N）；

　　　　L——支座间跨度（mm）；

　　　　b——试件截面宽度（mm）；

　　　　h——试件截面高度（mm）。

混凝土抗折强度计算应精确至 0.1 MPa。

（2）以 3 个试件测值的算术平均值作为该组试件的强度值（精确至 0.1 MPa）。3 个测值中的最大值和最小值中如有一个与中间值的差值超过中间值的 15%，则把最大值及最小值一并舍弃，取中间值作为该组试件的抗压强度值；如最大值和最小值与中间值的差均超过中间值的 15%，则该组试件中的试验结果无效。

（3）3 个试件中若有 1 个折断面位于两个集中荷载之外，则混凝土抗折强度值按另两个试件的试验结果计算。若这两个测值的差值不大于这两个测值的较小值的 15%，则该组试件的抗折强度值按这两个测值的平均值计算，否则该组试件试验无效。若有两个试件的下边缘断裂位置位于两个集中荷载作用线之外，则该组试件试验无效。

（4）当试件尺寸为 100 mm × 100 mm × 400 mm 非标准试件时，应乘以尺寸换算系数 0.85；当混凝土强度等级≥C60 时，宜采用标准试件；当使用非标准试件时，尺寸换算系数应由试验确定。

5. 试验记录

混凝土抗折试验记录如表 3.6 所示。

表 3.6　水泥混凝土抗折强度试验记录

试件编号	制备日期	试验日期	龄期/d	最大荷载 F/N	试件尺寸		断面与邻近支点距离 x/mm	抗折强度		换算系数	换算后/MPa
					宽高/mm	长度/mm		个别值 f_{ff}/MPa	代表值/MPa		
其他说明（养护条件、试件破坏等描述）											

试验者_____　　　组别_____　　　成绩_____　　　试验日期_____

61

三、水泥混凝土轴心抗压强度试验

1. 概　述

测定棱柱体混凝土试件的轴心抗压强度，以提出设计参数和抗压弹性模量试验荷载标准。

2. 试验仪具

试模为 150 mm×150 mm×300 mm 棱柱体，其他所需设备与抗压强度试验相同。当混凝土强度等级≥C60 时，试件周围应设防崩裂网罩。压力试验机上、下压板承压面的平面度公差为 0.04 mm；否则试验机上、下压板与试件之间应各垫以符合要求的钢垫板。

3. 试验方法

（1）按规定方法制作 150 mm×150 mm×300 mm 棱柱体试体 3 根，在标准养护条件下，养护至规定龄期。

（2）试件从养护地点取出后应及时进行试验，用干毛巾将试件表面与上下承压板面擦干净。仔细检查后，在其中部量出试件宽度（精确至 1 mm），计算试件受压面积。在准备过程中，要求保持试件湿度无变化。

（3）将试件直立放置在试验机的下压板或钢垫板上，并使试件轴心与下压板中心对准。

（4）开动试验机，当上压板与试件或钢垫板接近时，调整球座，使接触均衡。

（5）以与立方体抗压强度试验相同的加荷速度，连续均匀地加荷，不得有冲击。当试件接近破坏而开始急剧变形时，应停止调整试验机油门，直至破坏。然后记录破坏荷载。

4. 计　算

（1）混凝土轴心抗压强度 f_{cp}（MPa 表示）按式（3.7）计算。

$$f_{cp} = F/A \tag{3.7}$$

式中　F——破坏荷载（N）；

　　　A——试件承压面积（mm^2）。

混凝土轴心抗压强度计算应精确至 0.1 MPa。

（2）以 3 个试件测值的算术平均值作为该组试件的强度值（精确至 0.1 MPa）。3 个测值中的最大值和最小值有一个与中间值的差值超过中间值的 15%，则把最大值及最小值一并舍弃，取中间值作为该组试件的抗压强度值；如最大值和最小值与中间值的差均超过中间值的 15%，则该组试件试验结果无效。

（3）混凝土强度等级<C60 时，用非标准试件测得的强度值均应乘以尺寸换算系数，其值为对 200 mm×200 mm×400 mm 试件为 1.05；对 100 mm×100 mm×300 mm 试件换算系数为 0.95。当混凝土强度等级≥C60 时，宜采用标准试件；当使用非标准试件时，尺寸换算系数应由试验确定。

5. 试验记录

水泥混凝土轴心抗压强度试验记录表见表 3.7。

表 3.7 水泥混凝土轴心抗压强度试验记录

试件编号	制备日期	试验日期	龄期/d	最大荷载 F/N	试件尺寸/mm		承压截面面积 A/mm^2	抗折强度		换算系数	换算后 f_{cp}/MPa
					宽高	长度		个别值 f_{cpi}/MPa	代表值 f_{cp}/MPa		

试验者＿＿＿＿＿　　组别＿＿＿＿＿　　成绩＿＿＿＿＿　　试验日期＿＿＿＿＿

试验四　水泥混凝土静力受压弹性模量试验

一、试验范围

本方法适用于测定棱柱体试件的混凝土静力受压弹性模量（以下简称弹性模量）。每次试验应制备 6 个试件。

二、试验设备

（1）压力试验机：与抗压强度试验所用仪器相同。

（2）微变形测量仪：微变形测量仪的测量精度不得低于 0.001 mm。微变形测量固定架的标距应为 150 mm。应具有有效期内的计量检定证书。

三、试验步骤

静力受压弹性模量试验步骤应按下列方法进行：

（1）当试件从养护地点取出后，先将其表面与上下承压板面擦干净。

（2）取 3 个试件按标准规定，测定混凝土的轴心抗压强度（f_{cp}）。另 3 个试件用于测定混凝土的弹性模量。

（3）在测定混凝土弹性模量时，变形测量仪应安装在试件两侧的中线上并对称于试件的两端。

（4）应仔细调整试件在压力试验机上的位置，使其轴心与下压板的中心线对准。开动压力试验机，当上压板与试件接近时调整球座，使其接触均衡。

（5）加荷至基准应力为 0.5 MPa 的初始荷载值 F_0，保持恒载 60 s 并在以后的 30 s 内记录每测点的变形读数 ε_0。应立即连续均匀地加荷至应力为轴心抗压强度 f_{cp} 的 1/3 的荷载值 F_a，保持恒载 60 s 并在以后的 30 s 内记录每一测点的变形读数 ε_a。所用加荷速度与抗压强度试验相同。

（6）当以上这些变形值之差与它们平均值之比大于20%时，应重新对中试件后重复本条第5款的试验。如果无法使其减少到低于20%时，则此次试验无效。

（7）在确认试件对中符合本条第6款规定后，以与加荷速度相同的速度卸荷至基准应力0.5 MPa（F_0），恒载60 s；然后用同样的加荷和卸荷速度以及60 s的保持恒载（F_0及F_a）至少进行两次反复预压。在最后一次预压完成后，在基准应力0.5 MPa下（F_0）持荷60 s并在以后的30 s内记录每一测点的变形读数ε_o；再用同样的加荷速度加荷至F_a，持荷60 s并在以后的30 s内记录每一测点的变形读数ε_a（图3.5）。

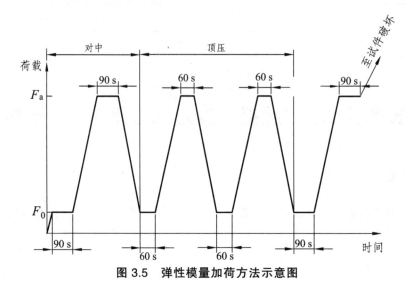

图 3.5　弹性模量加荷方法示意图

说明：① 90 s包括60 s持荷，30 s读数；② 60 s为持荷。

（8）卸除变形测量仪，以同样的速度加荷至破坏，记录破坏荷载；如果试件的抗压强度与f_{cp}之差超过f_{cp}的20%时，则应在报告中注明。

四、试验结果分析

混凝土弹性模量试验结果计算及确定按下述方法进行。

（1）混凝土弹性模量值应按下式计算：

$$E_c = \frac{F_a - F_0}{A} \times \frac{L}{\Delta n} \tag{3.8}$$

式中　E_c——混凝土弹性模量（MPa）；

F_a——应力为1/3轴心抗压强度时的荷载（N）；

F_0——应力为0.5 MPa时的初始荷载（N）；

A——试件承压面积（mm^2）；

L——测量标距（mm）；

Δn——最后一次从F_0加荷至F_a时试件两侧变形的平均值（mm），按下式计算：

$$\Delta n = \varepsilon_a - \varepsilon_0 \qquad (3.9)$$

其中　ε_a——F_a 时试件两侧变形的平均值（mm）；

ε_0——F_0 时试件两侧变形的平均值（mm）。

混凝土受压弹性模量计算精确至 100 MPa。

（2）弹性模量按 3 个试件测值的算术平均值计算。如果其中有 1 个试件的轴心抗压强度值与用以确定检验控制荷载的轴心抗压强度值相差超过后者的 20% 时，则弹性模量值按另两个试件测值的算术平均值计算；如有两个试件超过上述规定时，则此次试验无效。

五、试验结果记录

试验记录见表 3.8。

表 3.8　水泥混凝土静力受压弹性模量试验记录

施工单位					结构物名称						
设计标号					取样地点						
设计编号					龄期					d	
轴心抗压荷载平均值 R_c			kN								
初荷载 P_0			kN		终荷载 P_A					kN	
变形仪名称及变形单位 Δ											

试　　样		第一根				第二根				第三根			
荷　　载		P_0		P_A		P_0		P_A		P_0		P_A	
变　形　仪		左	右	左	右	左	右	左	右	左	右	左	右
形变值（0.001 mm）	读数												
	平均值												
	$\Delta_4 = \Delta_A - \Delta_0$												
	读数												
	平均值												
	$\Delta_5 = \Delta_A - \Delta_0$												
	读数												
	平均值												
	$\Delta_6 = \Delta_A - \Delta_0$												
	读数												
	平均值												
	$\Delta_n = \Delta_A - \Delta_0$												
循环后轴心抗压强度/MPa													
E_w/MPa													

试验者＿＿＿＿＿＿　　组别＿＿＿＿＿＿　　成绩＿＿＿＿＿＿　　试验日期＿＿＿＿＿＿

试验五　混凝土抗氯离子渗透试验（电通量法）

（GB/T 50082—2009）

一、试验适用范围

本方法适用于测定以通过混凝土试件的电通量为指标来确定混凝土抗氯离子渗透性能。本方法不适用于掺有亚硝酸盐和钢纤维等良导电材料的混凝土抗氯离子渗透试验。

二、试验基本原理

在直流电压作用下，氯离子能通过混凝土试件向正极方向移动，以测量流过混凝土的电荷量，反映渗透混凝土的氯离子量。

三、试验设备及材料

（1）试验装置如图 3.6 所示。

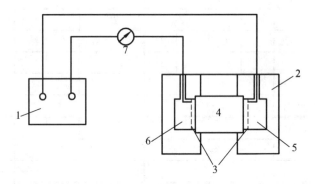

图 3.6　试验装置示意图

1—直流稳压电源；2—试验槽；3—铜网；4—混凝土试件；
5—3% NaCl 溶液；6—0.3 mol 溶液；7—数字式电流表

（2）仪器设备应满足下列要求：

① 直流稳压电源的电压范围应为（0～80）V，电流范围应为（0～10）A。并应能稳定输出 60 V 直流电压，精度应为 ± 0.1 V。

② 耐热塑料或耐热有机玻璃试验槽（图 3.7）的边长应为 150 mm，总厚度不应小于 51 mm。试验槽中心的两个槽的直径应为分别为 89 mm 和 112 mm。两个槽的深度应分别为 41 mm 和 6.4 mm。在试验槽的一边应开有直径为 10 mm 的注液孔。

66

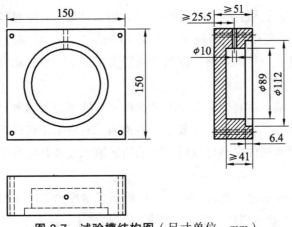

图 3.7 试验槽结构图（尺寸单位：mm）

③ 紫铜垫板宽度应为 12 mm ± 2 mm，厚度应为 0.50 mm ± 0.05 mm。铜网孔径应为 0.95 mm（64 孔/cm²）或者 20 目。

④ 标准电阻精度应为 ±0.1%；直流数字电流表量程应为（0 ~ 20）A，精度应为 ±0.1%。数字式电流表，量程 20 A，精度 ± 1.0%。

⑤ 真空泵应能保持容器内的气压处于 1 kPa ~ 5 kPa。

⑥ 真空容器的内径不应小于 250 mm，并应能至少容纳 3 个试件。

⑦ 阴极溶液应用化学纯试剂配制的质量浓度为 3.0% 的 NaCl 溶液。

⑧ 阳极溶液应用化学纯试剂配制的摩尔浓度 0.3 mol/L 的 NaOH 溶液。

⑨ 密封材料应采用硅胶或树脂等密封材料。

⑩ 硫化橡胶垫或硅橡胶垫的外径应为 100 mm、内径应为 75 mm、厚度应为 6 mm。

⑪ 切割试件的设备应采用水冷式金刚锯或碳化硅锯。

⑫ 抽真空设备可由烧杯（体积在 1 000 mL 以上）、真空干燥器、真空泵、分液装置、真空表等组合而成。

⑬ 温度计的量程应为（0 ~ 120）℃，精度应该 ± 0.1 ℃。

⑭ 电吹风的功率应为 1 000 W ~ 2 000 W。

四、试验步骤

（1）电通量试验应采用直径 100 mm ± 1 mm，高度 50 mm ± 2 mm 的圆柱体试件。试件的制作、养护应符合本标准相关规定。当试件表面有涂料等附加材料时，应预先除去，且试样内不得含有钢筋等良导电材料。在试件移送试验室前，应避免冻伤或其他物理伤害。

（2）电通量试验宜在试件养护到 28 d 龄期进行。对于掺有大掺量矿量掺和料的混凝土，可在 56 d 龄期进行试验。应先将养护到规定龄期的试件暴露于空气中至表面干燥，并应以硅胶或树脂密封材料涂刷试件圆柱侧面，还应填补涂层中的孔洞。

（3）电通量试验前应将试件进行真空饱水。应先将试件放入真空容器中，然后启动真空泵，并应在 5 min 内将真空容器中的绝对压强减少至 1 kPa ~ 5 kPa，应保持该真空度 3 h，然后在真空泵仍然运转的情况下，注入足够的蒸馏水或者去离子水，直接淹没试件，应在试件浸没 1 h 后恢复常压，并继续浸泡 18 h ± 2 h。

（4）在真空浸泡水结束后，应从水中取出试件，并抹掉多余的水分，且应保持试件所在环境的相对湿度 95%以上。应将试件安装于试验槽内，并应采用螺杆将两试验槽和端面装有硫化橡胶垫的试件夹紧。试件安装好以后，应采用蒸馏水或者其他有效方式检查试件和试验槽之间的密封性能。

（5）检查试件和时间槽之间的密封性后，应将质量浓度为 3.0%的 NaCl 溶液和摩尔浓度为 0.3 mol/L 的 NaOH 溶液分别注入试件的两侧的试验槽中，注入 NaCl 溶液的试验槽内的铜网应连接电源负极，注入 NaOH 溶液的试验槽中的铜网连接电源正极。

（6）在正确连接电源线后，应在保持试验槽中充满溶液的情况下接通电源，并应对上述两铜网施加 60 V ± 0.1 V 直流恒电压，且应记录电流初始读 10。开始时应每隔 10 min 记录一次电流值；当电流变化很小时，应每隔 30 min 记录一次电流值，直至通电 6 h。

（7）当采用自动采集数据的测试装置时，记录电流的时间间隔可设定为 5 min ~ 10 min。电流测量值应精确至 ± 0.5 mA。试验过程中宜同时监测试验槽中溶液的温度。

（8）试验结束后，应及时排除试验溶液，并应用凉开水和洗涤剂冲洗试验槽 60 s 以上，然后用蒸馏洗净并用电吹风冷风挡吹干。

（9）试验应在 20 ℃ ~ 50 ℃ 的室内进行。

五、试验结果计算

（1）实验过程中或试验结束后，应绘制电流与时间的关系图。应通过将各点数据以光滑曲面连接起来，对曲面作面积积分，或按梯形法进行面积积分，得到实验 6 h 通过对电通量（C）。

（2）每个试件的总电通量可采用下列简化公式计算：

$$Q = 900(I_0 + 2I_{30} + 2I_{60} + \cdots + 2I_t \cdots + 2I_{300} + 2I_{330} + I_{360}) \tag{3.10}$$

式中　Q——通过试件的总电通量（C）；

　　　　I_0——初始电流（A），精确到 0.001A；

　　　　I_t——在时间 t（min）的电流（A），精确到 0.001A。

（3）计算得到的通过试件的总电通量应换算成直径为 95 mm 试件的电通量值。应通过将计算的总电通量乘以一个直径为 95 mm 的试件和实际试件横截面面积的比值来换算，换算可按下试进行：

$$Q = Q_x \times (95/x)^2 \tag{3.11}$$

式中　Q——通过直径为 95 mm 的时间的电通量（C）；

Q_x——通过直径为 x（mm）的试件的电通量（C）；

　　　　x——试件的实际直径（mm）。

（4）每组应取 3 个试件电通量的算术平均值作为该组试件的电通量测定值。当某一个电通量值与中值的差值超过中值的 15%时，应取其余两个试件的电通量的算术平均值作为该组试件试验结果测定值。当有两个测值与中值的差值都超过中值的 15%时，应取中值作为该组试件的电通量实验结果测定值（表 3.9）。

表 3.9　混凝土电通量测试报告单

试样编号：	混凝土龄期：	混凝土强度等级：
送检日期：	测试日期：	测试人员：
检测依据：	送检单位：	测试单位：

试验数据曲线图

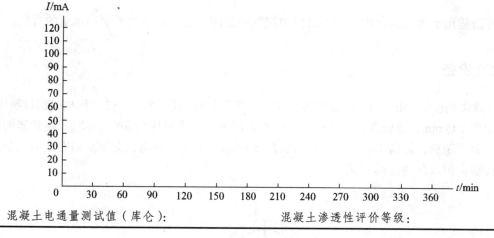

混凝土电通量测试值（库仑）：	混凝土渗透性评价等级：

试验：　　　　复核：　　　　技术负责人：　　　　单位（章）：

试验六　砂浆拌和物的拌制

（JGJT 70—2009）

一、试样制备

（1）在试验室制备砂浆拌和物时，试验用材料应提前 24 h 运入室内。拌和时试验室的温度应保持在 20 ℃±5 ℃。

　　注：需要模拟施工条件下所用的砂浆时，所用原材料的温度宜与施工现场保持一致。

（2）试验用水泥和其他材料应与现场使用材料一致。砂应通过 5 mm 筛。试验室拌制砂浆时，材料用量应以质量计。称量精度：水泥、外加剂、掺和料等为 ±0.5%；砂为 ±1%。

二、拌和方法

在试验室搅拌砂浆时应采用机械搅拌，搅拌机应符合《试验用砂浆搅拌机》（JG/T 3033）的规定，搅拌的用量宜为搅拌机容量的 30%～70%，搅拌时间不应少于 120 s。掺有掺和料和外加剂的砂浆，其搅拌时间不应少于 180 s。

将称好的水泥、砂及其他材料装入砂浆搅拌机，开动搅拌机干拌均匀后，再逐渐加入水，观察砂浆的和易性符合要求时，停止加水。搅拌时间不宜少于 2 min。

试验七　砂浆稠度试验

一、试验目的

本方法适用于确定配合比或施工过程中控制砂浆的稠度，以达到控制用水量的目的。

二、仪器设备

（1）砂浆稠度仪：由试锥、锥形容器和支座三部分组成（图 3.8）。试锥由钢材或铜材制成，试锥高度为 145 mm，锥底直径为 75 mm，试锥连同滑杆的质量应为 300 g±2 g；盛砂浆的锥形容器由钢板制成，筒高 180 mm，锥底内径 150 mm；支座分底座、支架及刻度显示三个部分，由铸铁、钢及其他金属制成。

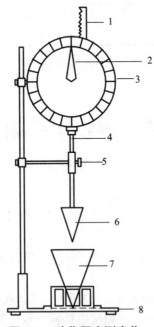

图 3.8　砂浆稠度测定仪

1—齿条测杆；2—指针；3—刻度盘；4—滑杆；5—制动螺丝；
6—试锥；7—锥形容器；8—底座

（2）钢制捣棒：直径 10 mm，长 350 mm，端部磨圆。

（3）秒表。

三、试验步骤

（1）用湿布将锥形容器内壁和试锥表面擦干净，并用少量润滑油轻擦滑杆，将滑杆上多余的油用吸油纸擦净，使滑杆能自由滑动。

（2）将拌好的砂浆一次装入容器，砂浆表面宜低于锥形容器口约 10 mm，用捣棒自容器中心向边缘均匀地插捣 25 次，然后轻轻地将容器摇动或敲击 5～6 下，使砂浆表面平整，随后将容器置于砂浆稠度测定仪的底座上。

（3）拧松制动螺丝，向下移动滑杆，当试锥尖端与砂浆表面刚接触时，拧紧制动螺丝，使齿条测杆下端与滑杆的上端接触，读出刻度盘上的读数（精确至 1 mm）。

（4）拧松制动螺丝（同时计时间），10 s 时立即固定螺丝，将齿条测杆下端接触滑杆上端，从刻度盘上读出下沉深度（精确至 1 mm）。

（5）锥形容器内的砂浆，只允许测定一次稠度，重复测定时，应重新取样。

四、试验结果评定

取两次试验结果的算术平均值作为砂浆的稠度值，精确至 1 mm。

如两次试验结果之差大于 10 mm，则重新取样测定。

试验记录表见表 3.10。

表 3.10　砂浆稠度试验记录

试验次数	试锥下沉深度/mm	稠度/mm	备　注

试验者＿＿＿＿＿　　组别＿＿＿＿＿＿　　成绩＿＿＿＿＿＿＿　　试验日期＿＿＿＿＿＿

试验八　砂浆的分层度试验

一、试验目的

本方法适用于测定砂浆拌和物的分层度，以确定砂浆拌和物在运输及停放时内部组分的稳定性。

二、仪器设备

（1）砂浆分层度仪：圆形筒，内径 150 mm，上节高度 200 mm（无底），下节带底，净高度为 100 mm，用金属板制成。上、下两层连接处需加宽到 3 mm ~ 5 mm，并设有橡胶垫圈。见图 3.9。

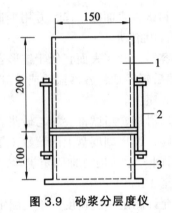

图 3.9　砂浆分层度仪

1—无底圆筒；2—连接螺栓；3—有底圆筒

（2）水泥胶砂振动台：振幅（0.5 ± 0.05）mm，频率（50 ± 3）Hz。
（3）砂浆稠度仪。
（4）搅拌锅、木锤、抹刀等。

三、试验步骤

（1）按砂浆稠度试验方法测定砂浆的稠度值 K_1。
（2）将砂浆拌和物一次装入分层度仪内，待装满后，用木锤在容器周围距离大致相等的四个不同地方轻轻敲击 1 ~ 2 下，若砂浆沉落到低于筒口的位置，则应随时添加，然后刮去多余的砂浆并用抹刀抹平。
（3）静置 30 min 后，去掉上部 200 mm 厚的砂浆，将剩余的砂浆倒出放在拌和锅中拌 2 min，然后，再测其稠度值 K_2。
（4）计算两次测定的稠度值之差（$K_1 - K_2$），即为砂浆的分层度值（精确至 1 mm）。
（5）取两次试验结果的算术平均值作为该砂浆的分层度值。如两次的试验结果之差大于 10 mm，应重新试验。

四、分层度试验结果

应按下列要求确定：
（1）取两次试验结果的算术平均值作为该砂浆的分层度值。
（2）两次分层度试验值之差如大于 10 mm，应重新取样测定。

试验记录表见表 3.11。

表 3.11 砂浆的分层度试验记录

试验次数	稠度 K_1/mm	稠度 K_2/mm	分层度 $(K_1 - K_2)$/mm

试验者＿＿＿＿＿ 组别＿＿＿＿＿ 成绩＿＿＿＿＿ 试验日期＿＿＿＿

试验九 砂浆的抗压强度试验

一、试验目的

本方法适用于测定砂浆立方体的抗压强度。

二、仪器设备

（1）压力试验机：精度为 1%，试件破坏荷载应不小于压力机量程的 20%，且不大于全量程的 80%。

（2）试模：尺寸为 70.7 mm × 70.7 mm × 70.7 mm 的带底试模，由铸铁或钢制成，应具有足够的刚度并拆装方便。试模的内表面应机械加工，其不平度应为每 100 mm 不超过 0.05 mm，组装后各相邻面的不垂直度不应超过 ±0.5°。

（3）捣棒：直径 10 mm、长 350 mm 的钢棒，端部应磨圆。

（4）垫板：试验机上、下压板及试件之间可垫以钢垫板，垫板的尺寸应大于试件的承压面，其不平度应为每 100 mm 不超过 0.02 mm。

（5）振动台：空载中台面的垂直振幅应为（0.5 ± 0.05）mm，空载频率应为（50 ± 3）Hz，空载台面振幅均匀度不大于 10%，一次试验至少能固定（或用磁力吸盘）3 个试模。

三、试验步骤

（1）采用立方体试件，每组试件 3 个。应用黄油等密封材料涂抹试模的外接缝，试模内涂刷薄层机油或脱模剂，将拌制好的砂浆一次性装满砂浆试模，成型方法根据稠度而定。当稠度 ≥50 mm 时采用人工插捣成型，当稠度 < 50 mm 时采用振动台振实成型。

① 人工振捣：用捣棒均匀地由边缘向中心按螺旋方式插捣 25 次，插捣过程中如砂浆沉

落低于试模口,应随时添加砂浆,可用油灰刀插捣数次,并用手将试模一边抬高 5 mm ~ 10 mm 各振动 5 次,使砂浆高出试模顶面 6 mm ~ 8 mm。

　② 机械振动:将砂浆一次装满试模,放置到振动台上,振动时试模不得跳动,振动 5 s ~ 10 s 或持续到表面出浆为止;不得过振。

　(2)待表面水分稍干后,将高出试模部分的砂浆沿试模顶面刮去并抹平。

　(3)试件制作后应在室温为(20 ± 5)℃ 的环境下静置(24 ± 2)h,当气温较低时,可适当延长时间,但不应超过两昼夜,然后对试件进行编号、拆模。试件拆模后应立即放入温度为(20 ± 2)℃,相对湿度为 90% 以上的标准养护室中养护。养护期间,试件彼此间隔不小于 10 mm,混合砂浆试件上面应覆盖,以防有水滴在试件上。

　(4)从搅拌加水开始计时,标准养护龄期应为 28 d。

　(5)试件从养护地点取出后应及时进行试验。试验前先将试件表面擦拭干净,检查外观并测量尺寸(精确至 1 mm),以此计算试件的承压面积。如实测尺寸与公称尺寸之差不超过 1 mm,可按公称尺寸进行计算。

　(6)将试件安放在试验机的下压板(或下垫板)上,试件的承压面应与成型时的顶面垂直,试件中心应与试验机下压板(或下垫板)中心对准。开动试验机,当上压板与试件(或上垫板)接近时,调整球座,使接触面均衡受压。承压试验应连续而均匀地加荷,加荷速度应为每秒钟 0.25 kN ~ 1.5 kN(砂浆强度不大于 5 MPa 时,宜取下限,砂浆强度大于 5 MPa 时,宜取上限)。当试件接近破坏而开始迅速变形时,停止调整试验机油门,直至试件破坏,然后记录破坏荷载。

四、试验结果评定

砂浆抗压强度按式计算(精确至 0.1 MPa):

$$f_{\mathrm{m,cu}} = \frac{N_{\mathrm{u}}}{A} \tag{3.12}$$

式中　$f_{\mathrm{m,cu}}$——砂浆立方体试件抗压强度(MPa);

　　　N_{u}——试件破坏荷载(N);

　　　A——试件承压面积(mm^2)。

砂浆立方体试件抗压强度应精确至 0.1 MPa。

　(1)以三个试件测值的算术平均值的 1.3 倍(f_2)作为该组试件的砂浆立方体试件抗压强度平均值(精确至 0.1 MPa)。

　(2)当三个测值的最大值或最小值中如有一个与中间值的差值超过中间值的 15% 时,则把最大值及最小值一并舍除,取中间值作为该组试件的抗压强度值;如有两个测值与中间值的差值均超过中间值的 15% 时,则该组试件的试验结果无效。

试验记录表见表 3.12。

表 3.12 砂浆抗压强度试验记录

试样编号			试样来源					
试样名称			试验用途					
试验编号	拌制日期	试验日期	龄期/d	最大荷载 N_u/N	试件尺寸 /mm	受压面积 /mm^2	抗压强度 /MPa	
							单值	代表值
①	②	③	④	⑤	⑥	⑦	⑧	⑨

试验者_____ 组别_____ 成绩_____ 试验日期_____

第四章
土的工程性质试验

试验一　含水率试验（酒精燃烧法）

（T 0104—1993）

一、定义和适用范围

本试验方法适用于快速简易测定细粒土（含有机质的土除外）的含水率。

二、仪器设备

（1）称量盒：定期调整为恒质量。

（2）天平：感量 0.01 g。

（3）酒精：纯度 95%。

（4）其他：滴管、火柴、调土刀等。

三、试验步骤

（1）取具有代表性的试样（黏质土 5 g ~ 10 g，砂类土 20 g ~ 30 g）放入称量盒内，称量湿土的质量，准确至 0.01 g。在称量时，可在天平一端放上与该称量盒等质量的砝码，移动天平游码，平衡后称量结果即为湿土的质量。

（2）用滴管将酒精注入放有试样的称量盒中，直到盒中出现自由液面为止。为使酒精在试样中充分混合均匀，可将盒底在桌面上轻轻敲击。

（3）点燃盒中酒精，燃至火焰熄灭。

（4）将试样冷却数分钟，按本试验 3、4 条方法再重新燃烧两次。

（5）待第三次火焰熄灭后，盖好盒盖，立即称干土质量，准确至 0.01 g。

四、试验结果整理

（1）按式（4.1）计算含水率。

$$w = \frac{m - m_s}{m_s} \times 100 \qquad (4.1)$$

式中　　w——含水率（%）；

　　　　m——湿土质量（g）；

　　　　m_s——干土质量（g）。

计算至 0.1%。

（2）精密度和允许差。

本试验须进行二次平行测定，取其算术平均值，允许平行差值应符合表4.1规定。

表 4.1　含水率测定的允许平行差值

含水率/%	允许平行差值/%
5 以下	0.3
40 以下	≤1
40 以上	≤2

（3）试验记录表见表4.2。

表 4.2　含水率试验记录（酒精燃烧法）

盒　号			1	2	3	4
盒质量	g	（1）				
盒＋湿土质量	g	（2）				
盒＋干土质量	g	（3）				
水分质量	g	（4）＝（2）－（3）				
干土质量	g	（5）＝（3）－（1）				
含水率	%	（6）＝$\frac{(4)}{(5)} \times 100$				
平均含水率	%	（7）				

试验者_____　　　组别_____　　　成绩_____　　　试验日期_____

五、报　告

（1）土的鉴别分类和代号。

（2）土的含水率。

六、注意事项

（1）在进行含水率试验时，常因试样代表性不足而使测定结果失去实际意义，因此选取土样时需细心和均匀。此外，含水率试样应根据试验项目的和要求选取。若为了了解土层综合而概略的天然含水率，可沿土剖面竖向切取土样，如是配合压缩、抗剪强度、渗透试验，应在切取试样环刀的上下两面选取土样。

（2）关于试样的数量问题，为使试验结果准确可靠，同时考虑烘、烧时间的长短，黏性土规定为 15 g~30 g，砂性土或砾质土试样应多取一些。

（3）烘干的试样应先冷却再称量，一是避免因天平受热不均影响称量精度，二是防止热土吸收空气中的水分。为此，试样应放在装有干燥剂（如氯化钙）的缸内冷却，缸口涂抹凡士林，与外界空气隔绝，试样在干燥缸内冷却至室温，即可称量。

试验二　密度试验（蜡封法）

（T 0109—1993）

一、定义和适用范围

（1）密度是土单位体积的质量。测定土的密度是为了了解土体内部结构的密实情况。
（2）本试验方法适用于易破裂土和形态不规则的坚硬土。

二、仪器设备

（1）天平：感量 0.01 g。
（2）其他：烧杯、细线、石蜡、针、削土刀等。

三、试验步骤

（1）用削土刀切取体积大于 30 cm³ 的试件，削除试件表面的松、浮土以及尖锐棱角，在天平上称量，准确至 0.01 g。取代表土样进行含水率测定。

（2）将石蜡加热至刚过熔点，用细线系住试件浸入石蜡中，使试件表面覆盖一薄层石蜡，若试件蜡膜上有气泡，需用热针刺破气泡，再用石蜡填充针孔，涂平孔口。

（3）待冷却后，将蜡封试件在天平上称量，准确至 0.01 g。

（4）用细线将蜡封试件置于天平一端，使其浸浮在盛有蒸馏水的烧杯中，注意试件不要接触烧杯壁，称蜡封试件的水下质量，准确至 0.01 g。同时测量蒸馏水的温度。

（5）将蜡封试件从水中取出，擦干石蜡表面水分，在空气中称其质量，将其与第（3）步中称量的质量相比，若质量增加，表明水分进入试件中；若浸入水分质量超过 0.03 g，应重做。

四、试验结果整理

（1）按式（4.2）、（4.3）计算湿密度及干密度。

$$\rho = \frac{m}{\dfrac{m_1 - m_2}{\rho_{wt}} - \dfrac{m_1 - m}{\rho_n}} \tag{4.2}$$

$$\rho_d = \frac{\rho}{1 + 0.01w} \tag{4.3}$$

式中　m——试件质量（g）；

　　　　m_1——蜡封试件质量（g）；

　　　　m_2——蜡封试件水中质量（g）；

　　　　ρ_{wt}——蒸馏水在 $t\,°C$ 时的密度（g/cm^3），准确至 $0.001\ g/cm^3$；

　　　　ρ_n——石蜡密度（g/cm^3），应事先实测，准确至 $0.001\ g/cm^3$；

　　　　w——含水率（%）；

　　　　ρ——土的湿密度（g/cm^3）；

　　　　ρ_d——土的干密度（g/cm^3）。

（2）试验记录表格见表4.3。

表4.3　密度试验记录（蜡封法）

土样编号	试件质量/g	封蜡试件质量/g	封蜡试件水中质量/g	温度/°C	水的密度/(g/cm³)	封蜡试件体积/cm³	蜡体积/cm³	试件体积/cm³	湿密度/(g/cm³)	含水率/%	干密度/(g/cm³)	平均干密度/(g/cm³)	备注
	（1）	（2）	（3）	（4）	（5）	（6）	（7）	（8）	（9）	（10）	（11）	（12）	（13）
						$\dfrac{(2)-(3)}{(5)}$	$\dfrac{(2)-(1)}{\rho_n}$	(6)−(7)	$\dfrac{(8)}{(9)}$		$\dfrac{(9)}{1+0.01(10)}$		
1													
2													
3													
4													
5													
6													

试验者＿＿＿＿＿　　组别＿＿＿＿＿　　成绩＿＿＿＿＿　　试验日期＿＿＿＿＿

（3）精密度和允许差。

本试验须进行二次平行测定，取其算术平均值，允许平行差值不得大于 0.03 g/cm³。

五、报 告

（1）土的鉴别分类和状态描述。
（2）土的含水率 w（%）。
（3）土的湿密度 ρ（g/cm³）。
（4）土的干密度 ρ_d（g/cm³）。

试验三 比重试验（比重瓶法）

（T 0112—1993）

一、试验目的

测定土的颗粒比重，它是土的物理性基本指标之一。本试验适用于粒径小于 5 mm 的土。

二、试验仪器设备

（1）比重瓶：容积 100 mL 或 50 mL，分长颈和短颈两种。
（2）恒温水槽：准确度为 ±1 ℃。
（3）砂浴：应能调节温度。
（4）天平：称量 200 g，最小分度值 0.001 g。
（5）温度计：刻度为 0 ℃ ~ 50 ℃，最小分度值 0.5 ℃。

三、比重瓶的校准

（1）将比重瓶洗净、烘干，置于干燥器内，冷却后称量，准确至 0.001 g。
（2）将煮沸经冷却的纯水注入比重瓶。对长颈比重瓶注水至刻度处；对短颈比重瓶应注满纯水，塞紧瓶塞，多余水自瓶塞毛细管中溢出。将比重瓶放入恒温水槽直至瓶内水温稳定。取出比重瓶，擦干外壁，称瓶、水总质量，准确至 0.001 g。测定恒温水槽内水温，准确至 0.5 ℃。
（3）调节数个恒温水槽内的温度，温度差宜为 5 ℃，测定不同温度下的瓶、水总质量。

每个温度时均进行两次测定的差值不得大于 0.002，取两次测值的平均值。绘制温度与瓶、水总质量的关系曲线（图4.1）。

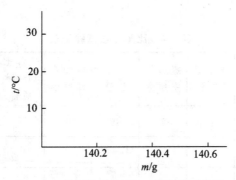

图 4.1　绘制温度与瓶、水总质量曲线

四、试验步骤

（1）将比重瓶烘干。称量烘干试样 15 g 装入 100 mL 比重瓶，称试样和瓶的总质量，准确至 0.001 g。

（2）向比重瓶内注入半瓶纯水，摇动比重瓶，并放在砂浴上煮沸，煮沸时间自悬液沸腾算起，砂土及低液限黏土不应少于 30 min，高液限黏土、粉土不得少于 1 h。沸腾后应调节砂浴温度，比重瓶内悬液不得溢出。

（3）将煮沸经冷却的纯水注入装有试样悬液的比重瓶。当用长颈比重瓶时，注水至刻度处；当用短颈比重瓶时，应注满纯水，塞紧瓶塞，多余水自瓶塞毛细管中溢出。将比重瓶放入恒温水槽直至瓶内水温稳定，且瓶内上部悬液澄清。取出比重瓶，擦干瓶外壁，称比重瓶、水、试样总质量，准确至 0.001 g。测定瓶内水温，准确至 0.5 ℃。

（4）从温度与瓶、水总质量的关系曲线中查得试验温度下的瓶、水总质量。

五、土粒比重计算

土的比重按下式计算：

$$G_s = \frac{m_d}{m_{bw} + m_b + m_{bws}} \times G_{iT} \qquad (4.4)$$

式中　G_s——土的比重；

m_d——干土质量（g）；

m_{bw}——比重瓶、水总质量（g）；

m_{bws}——比重瓶、水、试样总质量（g）；

G_{iT}——T ℃ 时纯水的比重。

六、试验记录及结果计算

试验记录表见表 4.4。

表 4.4　比重瓶法试验记录

试样编号	比重瓶号	温度	液体密度	比重瓶质量	瓶加干土质量	干土质量	瓶加土体质量	瓶加土加液体质量	与干土同体积的液体质量	土粒密度	平均值
		①	②	③	④	⑤	⑥	⑦	⑧	⑨	
			查表			④－③			⑤＋⑥－⑦	⑤/⑧×②	

试验者_____　　组别_____　　成绩_____　　试验日期_____

试验四　界限含水率试验

（T 0118—2007）

一、定义和适用范围

（1）本试验的目的是联合测定土的液限和塑限，为划分土类及计算天然稠度、塑性指数，供公路工程设计和施工使用。

82

（2）本试验适用于粒径不大于 0.5 mm、有机质含量不大于试样总质量 5% 的土。

二、仪器设备

（1）LP-100 型液限塑限联合测定仪：锥质量为 100 g，锥角为 30°，读数显示形式宜采用光电式、游标式、百分表式，见图 4.2。

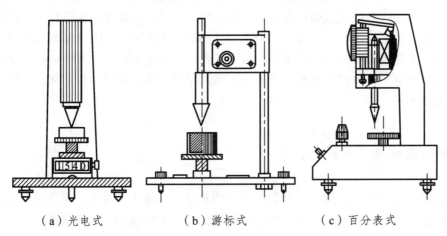

（a）光电式　　　（b）游标式　　　（c）百分表式

图 4.2　液限塑限联合测定仪

（2）盛土杯：直径 5 cm，深度 4 cm ~ 5 cm。

（3）天平：称量 200 g，感量 0.01 g。

（4）其他：筛（孔径 0.5 mm）、调土刀、调土皿、称量盒、研钵（附带橡皮头的研杵或橡皮板、木棒）干燥器、吸管、凡士林等。

三、试验步骤

（1）取有代表性的天然含水率或风干土样进行试验。如土中含大于 0.5 mm 的土粒或杂物时，应将风干土样用带橡皮头的研杵研碎或用木棒在橡皮板上压碎，过 0.5 mm 的筛。

取 0.5 mm 筛下的代表性土样 200 g，分开放入 3 个盛土皿中，加不同数量的蒸馏水，土样的含水量分别控制在液限（a 点）、略大于塑限（c 点）和二者的中间状态（b 点）。用调土刀调匀，盖上湿布，放置 18 h 以上。测定 a 点的锥入深度应为 20 mm ± 0.2 mm；测定 c 点的锥入深度应控制在 5 mm 以下。对于砂类土，测定 c 点的锥入深度可大于 5 mm。

（2）将制备的土样充分搅拌均匀，分层装入盛土杯，用力压密，使空气逸出。对于较干的土样，应先充分搓揉，用调土刀反复压实。试杯装满后，刮成与杯边齐平。

（3）当用游标式或百分表式液限塑限联合测定试验时，调平仪器，提起锥杆（此时游标或百分表读数为零），锥头上涂少许凡士林。

（4）将装好土样的试杯放在联合测定仪的升降座上，转动升降旋钮，待尖与土样表面刚好接触时停止升降，扭动锥下降旋钮，同时开动秒表，经 5 s 后，松开旋钮，锥体停止下落，

83

此时游标读数即为锥入深度 h_1。

（5）改变锥尖与土接触位置（锥尖两次锥入位置距离不小于 1 cm），重复（3）和（4）步骤，得锥入深度 h_2。h_1、h_2 允许误差为 0.5 mm，否则应重做。取 h_1、h_2 平均值作为该点的锥入深度 h。

（6）去掉锥尖入土处的凡士林，取 10 g 以上的土样两个，分别装入称量盒内，称质量（准确至 0.01 g），测定其含水量 w_1、w_2（计算到 0.1%）。计算含水量平均值 w。

（7）重复（2）至（6）步骤，对其他两个含水率土样进行试验，测其锥入深度和含水率。

（8）用光电式或数码式液限塑限联合测定仪测定时，接通电源，调平机身，打开开关，提上锥体（此时刻度或数码显示为零）。将装好土样的试杯放在升降座上，转动升降旋钮，试杯徐徐上升，土样表面和锥尖刚好接触，指示灯亮，停止转动旋钮，锥体立刻自行下沉，5 s 后，自动停止下落，读数窗上或数码管上显示锥入深度。试测完毕，按动复位按钮，锥体复位，读数显示为零。

四、试验结果整理

（1）在二级双对数坐标纸上，以含水量 w 为横坐标，锥入深度 h 为纵坐标，点绘 a、b、c 三点含水量的 h-w 线，连此三点，应呈一条直线（图 4.3（a））。如三点不在同一直线上，要通过 a 点与 b、c 两点连成两条直线，根据液限（a 点含水率）在 h_p-w_L 图上查得 h_p，以此 h_p 再在 h-w 图上的 ab 及 ac 两直线上求出相应的两个含水率。当两个含水率的差值小于 2% 时，以该两点含水率的平均值与 a 点连成一直线（图 4.3（b））；当两个含水率的差值大于 2% 时，应重做试验。

（2）在 h-w 图上，查得纵坐标入土深度 $h = 20$ mm 所对应的横坐标的含水率 w，即为该土样的液限 w_L。

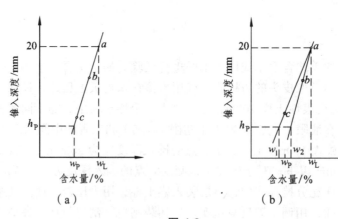

（a）　　　　　　　　　　（b）

图 4.3

（3）根据上面（2）求出的液限，通过液限 w_L 与塑限时入土深度 h_p 关系曲线（表 4.5），查得 h_p，再由图求出入土深度为 h_p 时所对应的含水率，即为该土样的塑限 w_p。查 w_L-h_p 关系图时，须先通过简易鉴别法及筛分法，把砂类土与细粒土区别开来，再按这两种土分别

84

采用相应的 w_L-h_p 关系曲线。对细粒土，用双曲线确定 h_p 值；对砂类土，则用多项式曲线确定 h_p 值。

表 4.5　液限塑限联合测定试验记录

项目名称					试验单位	
使用范围			试验规程编号		试验日期	
土样说明				取样地点		
土样编号						

试　验　次　数		1	2	3
入土深度/mm	h_1			
	h_2			
	$(h_1+h_2)/2$			
含水率/%	盒　号			
	盒质量/%			
	盒 + 湿土质量/g			
	盒 + 干土质量/g			
	水分质量/g			
	干土质量/g			
	含水率/%			
	平均含水率/%			

液限 $w_L=$　　　　塑限 $w_p=$

塑性指数 =

结论：

试验者＿＿＿＿＿　　组别＿＿＿＿＿　　成绩＿＿＿＿＿　　试验日期＿＿＿＿＿

85

五、报　告

（1）土的鉴别分类和代号。

（2）土的液限 w_L、塑限 w_p 和塑性指数 I_p。

六、注意事项

（1）当液塑限联合测定时，土体的含水量均匀及密实与否，对试验精度影响极大。在土样制备时，三个土样的含水率不宜十分拉近，否则不易控制联合测定曲线的走向，影响测定精度。含水量接近塑限的那个土样，对测定影响很大。当含水率等于塑限时，该点控制曲线走向最准。但此时土样很难调制。因此，可先将制备好的土样充分搓揉，再将它紧密地压入盛土杯，然后刮平。为便于操作，根据经验，此时的含水率可略加大，一般以锥入深度为 4 mm ~ 5 mm 为限。必要时可用说明书中介绍的方法，控制紧密度 $K_2 > 0.95$ 为宜。

（2）土的塑限 w_p 除按双曲线法确定外，也可近似地按经验确定之。方法是根据简单鉴别确定土类，对黏性土、粉性土取入土深度为 2.4 mm，对可搓成条的砂性土取入土深度 5 mm，对难搓成条的砂性土取入土深度为 10 mm 时，在 h-w 图上所对应的含水量，即为该土样的塑限 w_p。

试验五　颗粒分析试验（筛分法）

（T 0115—93）

一、定义和适用范围

（1）土的颗粒分析是测定干土中各料组的颗料重占土总质量百分比的试验方法。目的是了解土的颗料级配情况，供土的分类及概略判断土的工程性质之用。

（2）本试验法适用于分析粒径大于 0.075 mm 的土。对于粒径大于 60 mm 的土样，本实验方法不适用。

二、仪器设备

（1）标准筛：粗筛（圆孔），孔径为 60 mm、40 mm、20 mm、10 mm、5 mm、2 mm；细筛，孔径为 2.0 mm、1.0 mm、0.5 mm、0.25 mm、0.075 mm。

（2）天平：称量 5 000 g，感量 5 g；称量 1 000 g，感量 1 g；称量 200 g，感量 0.2 g。

（3）摇筛机（也可采用人工筛）。

（4）其他：烘箱、筛刷、烧杯、木碾、研钵及杵等。

三、试　样

从风干、松散的土样中，用四分法按照下列规定取出具有代表性的试样：

（1）小于 2 mm 颗粒的土 100 g ~ 300 g。

（2）最大粒径小于 10 mm 的土 300 g ~ 900 g。

（3）最大粒径小于 20 mm 的土 1 000 g ~ 2 000 g。

（4）最大粒径小于 40 mm 的土 2 000 g ~ 4 000 g。

（5）最大粒径大于 40 mm 的土 4 000 g 以上。

四、试验步骤

1. 对于无黏聚性的土

（1）按规定称取试样，将试样分批过 2 mm 筛。

（2）将大于 2 mm 的试样按从大到小的次序，通过大于 2 mm 的各级粗筛，将留在筛上的土分别称量。

（3）2 mm 筛下的土数量过多，可用四分法缩分至 100 g ~ 800 g；将试样按从大到小的次序通过小于 2 mm 的各级细筛。可用摇筛机进行振摇，振摇时间一般为 10 min ~ 15 min。

（4）由最大孔径的筛开始，顺序将各筛取下，在白纸上用手轻叩摇晃，至每分钟筛下数量不大于该级筛余质量的 1% 为止；漏下的土粒应全部放入下一级筛内，并将留在各筛上的土样用软毛刷刷净，分别称量。

（5）筛后各级筛上和筛底土总质量与筛前试样质量之差，不应大于 1%。

（6）如 2 mm 筛下的土不超过试样总质量的 10%，可省略细筛分析；如 2 mm 筛上的土不超过试样总质量的 10%，可省略粗筛分析。

2. 对于含有黏土粒的砂砾土

（1）将土样放在橡皮板上，用木碾将黏结的土团充分碾散、拌匀、烘干、称量。当土样过多时，用四分法称取代表性土样。

（2）将试样置于盛有清水的瓷盆中，浸泡并搅拌，使粗细颗粒分散。

（3）将浸润后的混合液过 2 mm 筛，边冲边洗过筛，直至筛上仅留大于 2 mm 以上的土粒为止；然后，将筛上洗净的砂砾风干称量。按以上方法进行粗筛分析。

（4）通过 2 mm 筛下的混合液存放在盆中，待稍沉淀，将上部悬液过 0.075 mm 洗筛，用带橡皮头的玻璃研磨盆内浆液；再加清水，搅拌、研磨、静置、过筛，反复进行，直至盆内悬液澄清；最后，将全部土粒倒在 0.075 mm 筛上，用水冲洗，直到筛上仅留下大于 0.075 mm 的净砂为止。

（5）将大于 0.075 mm 的净砂烘干称量，并进行细筛分析。

（6）将大于 2 mm 的颗粒及 2 mm～0.075 mm 的颗粒质量从原称量的总质量中减去，即为小于 0.075 mm 的颗粒质量。

（7）如果小于 0.075 mm 颗粒质量超过总土质量的 10%，有必要时，将这部分土烘干、取样，另做比重计或移液管分析。

五、试验结果整理

（1）按式（4.5）计算小于某粒径的颗粒质量百分数。

$$X = \frac{A}{B} \times 100 \qquad\qquad (4.5)$$

式中　X——小于某粒径颗粒的质量百分数（%）；

　　　A——小于某粒径的颗粒质量（g）；

　　　B——试样的总质量（g）。

（2）当小于 2 mm 的颗粒如用四分法缩分取样时，试样中小于某粒径的颗粒质量占总土质量的百分数按下式计算：

$$X = \frac{a}{b} \times p \times 100 \qquad\qquad (4.6)$$

式中　a——通过 2 mm 筛的试样中小于某粒径的颗粒质量（g）；

　　　b——通过 2 mm 筛的土样中所取试样的质量（g）；

　　　p——粒径小于 2 mm 的颗粒质量百分数（%）。

（3）在半对坐标上，以小于某粒径的颗粒质量百分数为纵坐标，以粒径（mm）为横坐标，绘制颗粒大于级配曲线，求出各粒组的颗粒质量百分数，以整数（%）表示。

（4）必要时按下式计算不均匀系数：

$$C_u = \frac{d_{60}}{d_{10}} \qquad\qquad (4.7)$$

式中　C_u——不均匀系数；

　　　d_{60}——限制粒径，即土中小于该粒径的颗粒质量为 60% 的粒径（mm）；

　　　d_{10}——有效粒径，即土中小于该粒径的颗粒质量为 10% 的粒径（mm）。

六、报　告

（1）土的鉴别分类和代号。

（2）颗粒级配曲线。

（3）不均匀系数 C_u。

（4）将实验分析结果填入土的颗料大小分析表及粒径分配曲线表 4.6、表 4.7。

七、注意事项

（1）对于粒径大于 0.1 mm 的土，采用筛分法。但必须注意对于砂（无黏聚性土）可用干筛法；对于含有部分黏性土的砾质土，必须采用水筛法，以保证颗粒充分分散。

（2）对于砾石土等颗粒较大的土样，按其最大粒径决定试样的数量，这样比较直观，易于掌握，又可得到比较有代表性的数据。

（3）土的颗粒大小分析记录见表 4.6～4.7。

表 4.6　土的颗粒大小分析试验记录（筛分法）

筛前总土质量 = g			小于 2 mm 土质量 = g		小土 2 mm 土占总土质量 = %		小于 2 mm 取试样质量 = g	
粗筛分析				细筛分析				
孔径/mm	累积筛留土质量/g	小于该孔径的土质量/g	小于该孔径的土质量百分比/%	孔径/mm	累积筛留土质量/g	小于该孔径的土质量/g	小于该孔径的土质量百分比/%	占总土质量百分比/%

表 4.7　路基、路面材料颗粒分析记录（粒径分配曲线表）

工程名称		试验规程	
取样地点		试验日期	

（粘贴颗粒级配曲线图）

试验结果	d_{10} = d_{30} = d_{60} = 土的名称代号：	不均匀系数 $C_u = d_{60}/d_{10}$ = 曲率系数 $C_c = (d_{30})^2/d_{10} \times d_{60}$ =

试验六　击实试验

（T 0131—2007）

一、试验目的及适用范围

（1）用标准击实试验方法，在一定夯击功能下测定各种细粒土、含砾土等含水量与干密度的关系，从而确定土的最佳含水量与相应的最大干密度，借以了解土的压实性能，作为工地土基压实控制的依据。

（2）本试验分轻型击实和重型击实。内径 100 mm 试筒适用于粒径不大于 20 mm 的土，内径 152 mm 试筒适用于粒径不大于 40 mm 的土。

二、仪器设备

（1）标准击实仪（图 4.4 和图 4.5）。轻、重型试验方法和设备的主要参数应符合表 4.8 的规定。

（2）烘箱及干燥器。

（3）天平：感量 0.01 g。

（4）台秤：称量 10 kg，感量 5 g。

（5）圆孔筛：孔径 40 mm、20 mm 和 5 mm 各 1 个。

（6）拌和工具：400 mm×600 mm、深 70 mm 的金属盘，土铲。

（7）其他：喷水设备、碾土器、盛土盘、量筒、推土器、铝盒、修土刀、平直尺等。

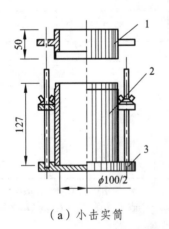　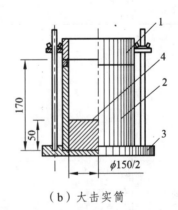

（a）小击实筒　　　　　　　　　（b）大击实筒

图 4.4　击实筒（尺寸单位：mm）

1—套筒；2—击实筒；3—底板；4—垫块

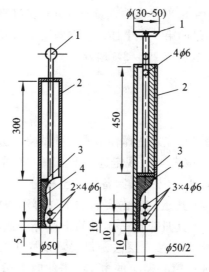

（a）2.5 kg 击锤（落高 30 cm）（b）4.5 kg（落高 45 cm）

图 4.5 击实锤和导杆（尺寸单位：mm）

表 4.8 轻重型试验方法和设备的主要参数

| 试验方法 | 类别 | 锤底直径/cm | 锤质量/kg | 落高/cm | 试筒尺寸 | | | 层数 | 每层击数 | 击实功/（kJ/cm²） | 最大粒径/mm |
					内径/cm	高/cm	容积/cm³				
轻型	Ⅰ-2	5	2.5	30	10	12.7	997	3	27	589.2	20
	Ⅰ-2	5	2.5	30	15.2	12	2 177	3	59	598.2	40
重型	Ⅱ-1	5	4.5	45	10	12.7	997	5	27	2 687	20
	Ⅱ-2	5	4.5	45	15.2	12	2 177	3	98	2 687	40

三、试 样

本试验可分别采用不同的方法准备试样，各方法可按表 4.9 准备试样。

表 4.9 试料用量

使用方法	类别	试筒内径/cm	最大粒径/mm	试料用量/kg
干土法，试样不重复使用	b	10	至 20	至少 5 个试样，每个 3
		15.2	至 40	至少 5 个试样，每个 6
湿土法，试样不重复使用	c	10	至 20	至少 5 个试样，每个 3
		15.2	至 40	至少 5 个试样，每个 6

（1）干土法（土不重复使用）：按四分滚动至少准备 5 个试样，分别加入不同水分（按 2%~3% 含水量递增），拌匀后闷料一夜备用。

（2）湿土法（土不重复使用）：对于高含水量土，可省略过筛步骤，用手拣除大于 40 mm 的粗石子即可，保持天然含水量的第一个土样，可立即用于击实试验。其余几个试样，将土分成小土块，分别风干，使含水量按 2%~3% 递减。

四、试验步骤

（1）根据工程要求，按表 4.9 规定选择轻型或重型试验方法。根据土的性质（含易出碎风化石数量多少含水量高低），按表 4.10 规定选用干土法（不重复使用）或湿土法。

（2）将击实筒放在坚硬的地面上，取制备好的土样分 3~5 次倒入筒内。小筒按三层法时，每次一般 800 g~900 g（其量应使击实后的试样等于或略高于筒高的 1/3）；按五层法时，每次一般 400 g~500 g（其量应使击实后的土样等于或略高于筒高的 1/5）。对于大试筒，先将垫块放入筒内底板上，按三层法，每层需试样 1 700 g 左右。整平表面，并稍加压紧，然后按规定的击数进行第一层土的击实，击实时击锤应自由垂直落下，锤迹必须均匀分布于土样面，第一层击实完后，将试样层面"拉毛"，然后再装入套筒，重复上述方法进行其余各层土的击实。小试筒击实后，试样不应高于筒顶面 5 mm；大试筒击实后，试样不应高出筒顶面 6 mm。

（3）修土刀沿套筒内壁削刮，使试样与套筒脱离后，扭动并取下套筒，齐筒顶细心削平试样，拆除底板，擦净筒外壁，准确至 1 g。

（4）用推土器推出筒内试样，从试样中心处取样测其含水量，计算至 0.1%。测定含水量用试样的数量按表 4.10 规定取样（取出有代表性的土样）。两个试样含水率的精度应符合表 4.1 的规定。

表 4.10　测定含水率用试样的数量

最大粒径/mm	试样质量/g	个数
<5	15~20	2
约 5	约 50	1
约 19	约 250	1
约 38	约 500	1

（5）对于干土法和湿土法（土不重复使用），将试样搓散，然后按上述方法进行洒水、拌和，但不须闷料，每次一般增加 2%~3% 的含水率，其中有两个大于和两个小于最佳含水率，所需加水量按式（4.8）计算。

$$m_{\mathrm{w}} = \frac{m_i}{1+0.01w_i} \times 0.01(w-w_i)$$ （4.8）

式中　m_{w}——所需的加水量（g）；

m_i——含量 w_i 时土样的质量（g）；

w_i——土样原有含水率（%）；

w——要求达到的含水率（%）。

按上述步骤进行其他含水率试样的击实试验。

对于干土法（土不重复使用）和湿土法，按上述方法制备各个试样，分别按上述步骤进行击实试验。

五、试验结果整理

（1）按式（4.9）计算击实后各点的干密度。

$$\rho_d = \frac{\rho}{1 + 0.001w} \qquad (4.9)$$

式中　　ρ_d——干密度（g/cm³），精确至 0.01；

　　　　ρ——湿密度（g/cm³）；

　　　　w——含水率（%）。

（2）以干密度为纵坐标，含水量为横坐标，绘制干密度与含水率的关系曲线（图 4.6），曲线上峰值点的纵、横坐标分别为干密度和最佳含水率。如曲线不能绘出明显的峰值点，应进行补点或重做。

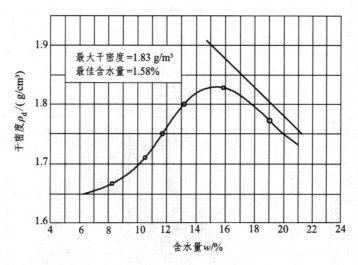

图 4.6　干密度与含水率的关系曲线

（3）试验记录表见表 4.11。

六、报　告

（1）土的鉴别分类和代号。

（2）土的最佳含水率 w_b（%）。

（3）土的最大干密度 ρ_{dm}（g/cm³）。

表 4.11　击实试验记录

项目名称				试验单位			
取样地点		使用范围		试筒体积		cm³	试验日期	
击锤质量	kg	落距	cm	每层击数		试验规程编号	
超尺寸颗粒粒径及含量				击实层数			

试 验 序 号		1	2	3	4	5	6
干密度	加水量/g						
	筒＋土质量/g						
	筒质量/g						
	湿土质量/g						
	湿密度/（g/cm³）						
	干密度/（g/cm³）						
含水量	盒　号						
	盒＋湿土质量/g						
	盒＋干土质量/g						
	盒质量/g						
	水质量/g						
	干土质量/g						
	含水率/%						
	平均含水率/%						
最佳含水率/%			最大干密度/（g/cm³）				
超尺寸颗粒毛体积比重和吸水量			修正后的最大干重度			最佳含水率	

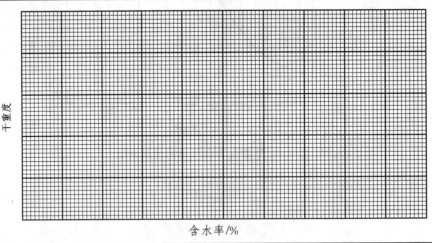

干重度

含水率/%

结论

试验者＿＿＿＿＿　　　组别＿＿＿＿＿　　　成绩＿＿＿＿＿　　　试验日期＿＿＿＿＿

试验七　土的压缩固结试验

（GB/T 50123—1999）

一、试验目的

土的压缩是土在荷重作用下固结产生变形的过程，本试验的目的是测定试样在侧限轴向排水条件下的孔隙比与压力间的关系，并计算压缩系数 $a_{0.1-0.2}$ 及压缩模量 E_s。

二、主要仪器设备

压缩仪、百分表、环刀、刮土刀、钢丝锯。

三、试验原理

土是土颗粒的集合体，其间存在孔隙，土体积的减小主要是由于土中孔隙体积压缩减小及土粒本身产生压缩变形，产生的变形在压缩仪的百分表上测出。

做试验时压力 P 逐级加上，逐级加压的数值为 0.1、0.2、0.3、0.4 MPa，每次加压后，应等试样压缩停后再测出其压缩量，算出不同压力下的土样孔隙比 e，以 P 为横坐标，将试验结果绘在图上，可得出 e 与 P 的关系曲线即压缩曲线，有了该曲线就可查出一定压力下的孔隙比。

四、试验步骤

（1）从原状土样中切取原状土样，切入环刀内，刮平称重，并按规定测试样的密度和含水量。

（2）将带有环刀的试样小心装入护环，装入压缩仪容器内，然后放入透水石和加压盖板，置于加压框架的正中，安装百分表并用湿棉纱围住加压盖板四周，避免水分蒸发。

（3）先施加较小的预压荷重（1 kPa），然后调整百分表（表 4.12）。

表 4.12　土样加压顺序表

固结压力/MPa	0.1	0.2	0.3	0.4
砝码累计（2.549 kg）	1	2	3	4

（4）荷重采用 0.1、0.2、0.3、0.4、0.5 MPa，在试验过程中，应始终保持加荷杠杆水平。

（5）按规定于下列时刻测记百分表读数：10 min、20 min、60 min、120 min、23 h 和 24 h 至稳定为止（百分表读数每小时变化不超过 0.005 mm 认为压缩稳定）。每级荷重压缩 24 h，测记压缩稳定后读数，再施加下一级荷重，依次加荷至试验结束。

（6）由于学生做试验时间有限，故取消第（5）条步骤，规定每级荷重加压 10 min，测记量表读数（就算它为 24 h 后的稳定读数），再施加下一级荷重。

（7）所加荷重情况。

五、试验记录及结果分析

试验记录表见表 4.13。结果分析表见表 4.14、表 4.15。

表 4.13　土的压缩固结试验记录

颗粒比重 = 天然密度 =　　　g/cm^3	天然含水量 /%		试样原始高度 $H = 20$ mm		原始孔隙比 e_0 $= \gamma_0 (1+w)/\gamma - 1$		土样颗粒高度 /mm $h_0 = H/(1+e_0)$	
加荷压力/MPa	0.1		0.2		0.3		0.4	
起止 时间/读数	时间	读数	时间	读数	时间	读数	时间	读数
起始值/mm								
终值/mm								
压缩稳定后 总变形量/mm								
仪器变形量/mm	0.024		0.036		0.045		0.053	
试样总变形量/mm								
压缩后试样高度/mm								
各级荷载作用下 土样孔隙比 $e = h/h_0 - 1$								
压缩系数 $a_{1\text{-}2}$ =　　　1/MPa			压缩模量 $E_{s1\text{-}2}$ =					

压缩系数 $a_{1\text{-}2} = (e_1 - e_2)/(P_2 - P_1)$

压缩模量 $E_{s1\text{-}2} = (1 + e_1)/a_{1\text{-}2}$

表 4.14　压缩试验结果分析（1）

压力/MPa	0.1	0.2	0.3	0.4	0.5
初读数/mm					
压缩稳定后读数/mm					
仪器变形量/mm					
总变形量/mm					
试样变形量/mm					

表 4.15　压缩试验结果分析（2）

压力 /MPa	试样变形量 $\sum \Delta h_1$	压缩后 试样高度 $h = h_0 - \sum \Delta h_1$	孔隙比 $e = h/h_0 - 1$	孔隙变化 $\Delta e = e_1 - e_2$	压力变化 $\Delta P = P_1 - P_2$	压缩系数 /（1/MPa）
0.1						
0.2						
0.3						
0.4						
0.5						

空隙比与压力关系图

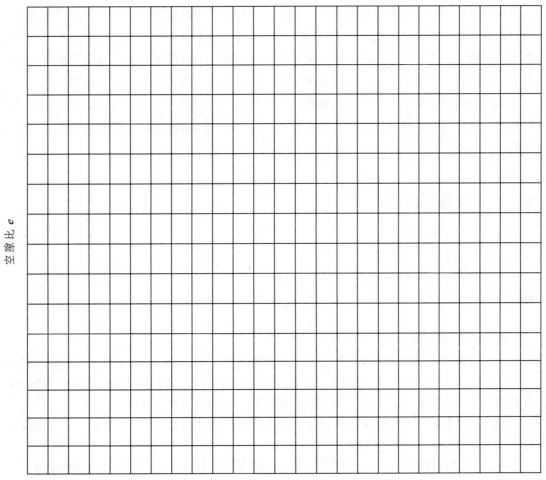

压力 P / kPa

试验八　土直接剪切（快剪）试验

（GB/T 50123—1999）

一、试验目的

测定土的摩擦角 φ 及黏聚力 c。

二、试验原理

土剪切破坏的发生，不是由于土颗粒被剪破，而是由于土粒之间发生滑动或滚动所致，土粒间发生滑动时的摩阻力就是土的抗剪强度的主要来源（对于黏性土还有黏聚力），摩阻力不是常数，它随剪切面上正应力 σ 的大小而变化，而一般建筑材料（如钢材、混凝土等）的抗剪强度不随正应力的大小变化，是一定值。本试验利用直接剪切仪进行直接剪切试验，试验时先通过加压框架施加垂直压力，然后摇动手轮，轮轴推动下盒，并载着上盒匀速移向量力环，使量力环变形，量力环上装有测微表，可测出量力环的变形值，当土样被剪坏时，测微表上的读数不再增加，根据测微表上的最大读数即可算出土样剪坏时剪切面的剪应力 τ。

本实验取四个试样，分加四级垂直压力进行剪切，压力大小为 0.1、0.2、0.3、0.4 MPa，每剪切一试样可得一组正应力 σ 及剪应力 τ，将各组 σ 和 τ 值标在坐标图上，即可得到抗剪强度曲线。

三、主要仪器设备

剪切仪。

四、试验步骤

按工程需要，从原状土样中切取原状土样。

（1）每组试验取四个试样，在垂直压力分别为 0.1、0.2、0.3、0.4 MPa 下进行剪切试验。

（2）对准上下盒，插入固定销，在下盒内放上透水石，将装有试样的环刀平口向下，对准剪切盒口，在试样上放上透水石，然后将试样徐徐推入剪切盒内移去环刀。

（3）转动手轮使上盒前端钢珠刚好与量力环接触，调整量力环中的量表，使之读数为零，顺次加上加压盖板、钢珠、加压框架。

（4）在施加垂直压力后，立即拔固定销开动秒表，以每分钟 4～12 转的均匀速率旋转手轮，使试样在 3 min～5 min 内剪坏，如量力环中量表指针不再前进或有显著后退，表示试件已剪损，便是一般剪切变形宜达到 4 mm，若量表指针继续前进，则剪切变形达到 6 mm 为止，同时测记试样剪损时量力环量表读数（手轮旋转 1 周变形 0.2 mm）。

五、试验结果整理

（1）根据下式计算所测试样的剪应力：

$$\tau = K \times R \tag{4.10}$$

式中　τ——剪应力（MPa）；

　　　K——量力环率定常数（MPa/mm）；

　　　R——百分表读数（mm）。

（2）试验记录表见表 4.16。试验结果分析见表 4.17。

表 4.16　试 验 记 录

量力环率定常数 K 为 0.233 MPa/mm

垂直压力 σ/MPa	0.1	0.2	0.3	0.4
试样剪损前量表读数/mm				
试样剪损时量表读数/mm				
剪应力 τ/MPa				

表 4.17　剪切试验结果分析

量力环率定常数 K 为 0.233 MPa/mm

垂直压力 σ/MPa	0.1	0.2	0.3	0.4
试样剪损前量表读数/mm				
试样剪损时量表读数/mm				
量表读数差/mm				
剪应力 τ/MPa				

（3）根据计算结果画出抗剪强度 τ 与垂直压力 σ 之间的关系曲线，并计算摩擦角 φ 及黏聚力 c。公式为：

$$\tau = \sigma \tan\varphi + c$$

抗剪强度 τ 与垂直压力 σ 之间的关系曲线

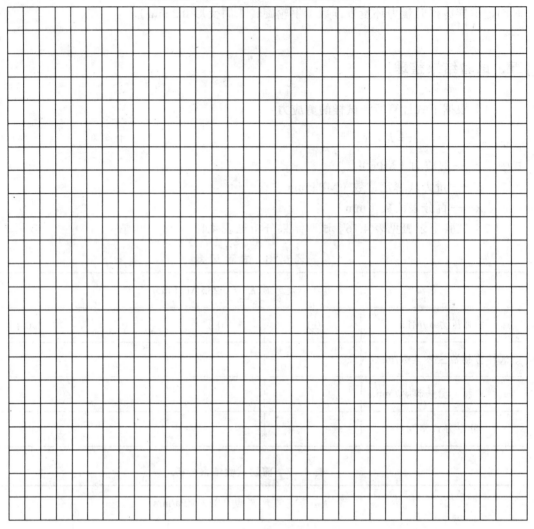

抗剪强度 τ

垂直压力 σ

第五章
无机结合料稳定土试验

试验一　无侧限抗压强度试验

（T 0805—1994）

一、试验目的及适用范围

本试验法适用于测定无机结合料稳定材料（包括稳定细粒土、中粒土和粗粒土）试件的无侧限抗压强度。

二、仪器设备

（1）标准养护室。

（2）水槽：深度应大于试件高度 50 mm。

（3）压力机或万能试验机（也可用路面强度试验仪和测力计）；压力机应符合现行《液压式压力试验机》（GB/T 3722）及《试验机通用技术要求》（GB/T 2611）中的要求，其测量精度为正负 1%，同时应具有加载速率指示装置或加载速率控制装置。上下压板平整并有足够刚度，可以均匀地连续加载卸载，可以保持固定荷载。开机停机均灵活自如，能够满足试件吨位要求，且压力机加载速率可以有效控制在 1 mm/min。

（4）电子天平：量程 15 kg，感量 0.1 g；量程 4 kg，感量 0.01 g。

（5）量筒、拌和工具、大小铝盒、烘箱等。

（6）球形支座。

（7）机油：若干。

三、试　样

（1）将具有代表性的风干土试样（必要时，也可在 50 ℃ 烘箱内烘干），用木槌和木碾捣碎，但应避免破碎土或粒径。将土过筛并进行分类。如试料为粗粒土，则除去大于 37.5 mm 的颗粒备用。如试料为中粒土，则除去大于 19 mm 的颗粒备用。如试料为细粒土，则除去大于 5 mm 的颗粒备用。

（2）在预定做试验的前一天，取有代表性的试料测定其风干含水量。对于细粒土，试样应不小于 100 g；对于粒径小于 25 mm 的中粒土，试样应不小于 1 000 g；对于粒径小于 37.5 mm 的粒粗土，试样应不小于 2 000 g。

（3）用击实试验确定水泥（石灰）混合料的最佳含水量和最大干密度。

（4）对于同一水泥（石灰）剂量需要制相同状态的试件数量（即平行试验的数量）与土类及操作的仔细程度有关（表 5.1）。

表 5.1　最少试件数量

土　类	偏差系数		
	<10%	10% ~ 15%	15% ~ 20%
细粒土	6	9	
中粒土	6	9	13
粗粒土		9	13

（5）制备试件。

① 称量一定数量的风干土并计算干土重，其数量随试件大小而变。对于 50 mm × 50 mm 试件，1 个试件一般需要干土 180 g ~ 210 g；对于 100 mm × 100 mm 试件，1 个试件一般需要干土 1 700 g ~ 1 900 g；对于 150 mm × 150 mm 试件，1 个试件一般需要干土 5 700 g ~ 6 000 g。

对于细粒土，可以一次称量 6 个试件的土；对于中粒土，可以一次称量 3 个试件的土；对于粗粒土，一次只称量 1 个试件的土。

② 将称量的土放在长方盘（400 mm × 600 mm × 70 mm）内。向土中加水，对于细粒土（特别是粒性土），使其含水量较最佳含水量小 3%。对于中粒土或粗粒土，可按最佳含水量加水。加水量可按式（5.1）估算：

$$Q_w = \left(\frac{Q_n}{1+0.01w_n} + \frac{Q_c}{1+0.01w_c} \right) \times 0.01w - \frac{Q_n}{1+0.01w_n} \times 0.01w - \frac{Q_c}{1+0.01w_c} \times 0.01w_c \qquad (5.1)$$

式中　Q_w——混合料中应加水的质量（g）；

Q_n——混合料中土（或粒料）的质量（g）；

Q_c——混合料中水泥（或石灰）的质量（g）；

w——要求达到的混合料的含水量（%）；

w_n——混合料中土的含水量（风干含水量）（%）；

w_c——混合料中水泥（或石灰）的原始含水量（%），通常很小，可以忽略不计。

将土和水拌和均匀后，如为石灰稳定土和水泥、石灰综合稳定土，可将石灰和试样一起拌匀后，放在密闭容器内浸润备用。

浸润时间：黏性土 12 h ~ 24 h；粉性土 4 h ~ 8 h；砂性土、砂砾土、红土砂砾等可缩短到 2 h 左右；含土很少的未筛分碎石、砂砾及砂可以缩短到 1 h。

③ 在浸润过的试料中，加入预定数量的水泥或石灰拌和均匀。在拌和过程中，应将预留的 3% 的水（对于细粒土）加入土中，使混合料含水量达到最佳含水量。拌和均匀的加有

水泥的混合料应在 1 h 内按下述方法制成试件。超过 1 h 的混合料应该作废。其他结合料稳定土除外。

④ 制备预定干密度试件，用反力框架和液压千斤预制作。

a. 制备一个预定干密度的试件，需要的水泥混合料的数量 m_1（g），随试模型的尺寸而变，可按式（5.2）计算：

$$m_1 = \rho_d V(1+w) \tag{5.2}$$

式中 V——试模体积（cm^3）；

   w——混合料的含水量（%）；

   ρ_d——稳定土试件的干密度（g/cm^3）。

b. 将下压柱放入试模的底部（事先在试模的内壁及上下压柱的底面涂一薄层机油），外露 2 cm 左右；将称量的规定数量 m_1（g）的稳定土混合料分 2~3 次灌入试模中，每次灌入后用夯棒轻轻均匀插实。如制的是 50 mm×50 mm 的小试件，则可以将混合料一次倒入试模中。然后将上压柱放入试模内。应使其也外露 2 cm 左右（即上下压柱露出试模外的部分应该相等）。

c. 将整个试模（连同上下压柱）放到反力框架内的千斤顶上，加压直到上下压柱都压进试模为止，维持压力 1 min。解除压力后，取下试模，拿去上压柱，并放到脱模器上将试件顶出（利用千斤顶和下压柱），称试件的质量 m_2，然后用游标卡尺量试件的高度 h，准确到 0.1 mm。

用击锤制作，步骤同前。只是用击锤（可以利用做击实试验的锤，但压柱顶面需要垫一块牛皮，以保护锤面和压柱顶面不损伤）将上下压柱打入试模内。

⑤ 养生。试件从试模内脱出并称重后，应立即放到密封湿气箱内进行保温养生。但中试件和大试件应先用塑料薄膜包裹。有条件时，可采用蜡封保湿养生。在没有上述条件的情况下，也可以将包有塑料薄膜的试件埋在湿砂中进行保湿养生。养生时间视需要而定，一般可以 7 d 和 28 d，作为工地控制，通常都只取 7 d。整个养生期间的温度，在北方地区应保持 20 ℃±2 ℃，在南方地区以保持 25 ℃±2 ℃ 为合适。

养生期的最后一天，应该将试件浸泡在水中，水的深度应使水面在试件顶上约 2.5 cm。在浸泡水中之前，应再次称试件的质量 m_3。在养生期间，试件质量的损失应该符合下列规定：小试件不超过 1 g，中试件不超过 4 g，大试件不超过 10 g。质量损失超过此规定的试件，应该作废。

四、试验步骤

（1）根据试验材料的类型和一般的工程经验，选择合适量程的测力计和压力机，试件破坏荷载应大于测力量程的 20% 且小于测力量程的 80%。球形支座和上下顶板涂上机油，使球形支座能够灵活转动。

（2）将已浸水一昼夜的试件从水中取出，用软布吸去试件表面的水分，并称试件的质量 m_4。

（3）用游标卡尺量试件的高度 h_1，准确到 0.1 mm。

（4）将试件放到路面材料强度试验仪的升降台上（台上先放一扁球座），进行抗压试验。在试验过程中，应使试件的形变等速增加，并保持速率为 1 m/min。记录试件破坏时的最大压力 P（N）。

（5）从试件内部取有代表性的样品（经过打破）按照 T 0801—2009 方法，测定其含水量 w_1。

五、试验结果整理

试件的无侧限抗压强度用下列相应的公式计算：

$$R_c = P / A \tag{5.3}$$

式中　R_c——试件的无侧限抗压强度（MPa）；

　　　P——试件破坏时的最大压力（N）；

　　　A——试件的截面面积（$A = \dfrac{\pi}{4}d^2$；d 为试件的直径，单位 mm）。

抗压强度保留 1 位小数。

同一组试件试验中，采用 3 倍均方差方法剔除异常值，小试件可以允许有 1 个异常值，中试件 1~2 个异常值，大试件 2~3 个异常值。异常值数量超过上述规定的试验重做。

同一组试件的变异系数 C_v（%）符合下列规定，方为有效试验：小试件 C_v 不大于 6%；小中试件 C_v 不大于 10%；大试件 C_v 不大于 15%。如不能保证试验结果的变异系数小于规定的值，则应按允许误差 10% 和 90% 概率重新计算所需的试件数量，增加试件数量并另外做新试验。新试验结果与老试验结果一并重新进行统计评定，直到变异系数满足上述规定。

六、报　告

试验报告应包括以下内容：

（1）材料的颗粒组成。

（2）水泥的种类和强度等级或石灰的等级。

（3）重型击实的最佳含水量（%）和最大干密度（g/cm³）。

（4）无机结合料类型及剂量。

（5）试件干密度（保留 3 位小数，g/cm³）或压实度。

（6）吸水量以及测抗压强度时的含水量（%）。

（7）抗压强度，保留 1 位小数。

（8）若干个试验结果的最大值和最小值、平均值 $\overline{R}_c$、标准值 S、偏差系数 C_v 和 95% 的概率值。按下式计算：

$$R_{c0.95} = \overline{R}_c - 1.645 S \tag{5.4}$$

表 5.2　无侧限抗压强度试验记录

工程名称　　　　　　　　　　　　　　　　试件尺寸（cm）

路段范围　　　　　　　　　　　　　　　　养生龄期（d）

混合料名称　　　　　　　　　　　　　　　加载速率（mm/min）

结合料剂量（%）　　　　　　　　　　　　试验者

最大干密度（g/cm³）　　　　　　　　　　校核者

试件压实度（%）　　　　　　　　　　　　试验日期

试件号				
试件制备方法				
制件日期				
养生前试件质量 m_2/g				
水前试件质量 m_3/g				
水后试件质量 m_4/g				
养生期间的质量损失 m_2-m_3/g				
吸水量 m_4-m_3/g				
养生前试件的高度 h/cm				
侵水后试件的高度 h/cm				
平均值/MPa		变异系数/%		代表值/MPa

试验二　水泥或石灰剂量测定试验（EDTA 滴定法）

（T 0809—2009）

一、试验目的及适用范围

（1）本法适用于在工地快速测定水泥和石灰稳定土中水泥和石灰的剂量，并可以检查拌和的均匀性。用于稳定的土可以是细粒土，也可以是中粒土和粗粒土。本法不受水泥和石灰稳定土龄期（7 d 以内）的影响。工地水泥和石灰稳定土含水量的少量变化（±2%），实际上不影响测定结果。用本法进行一次剂量测定，只需 10 min 左右。

（2）本法也可以用来测定水泥和石灰综合稳定土中结合料的剂量。

二、设备和仪器

（1）滴定管（酸式）：50 mL，1 支。

（2）滴定管支架：1 个。

（3）滴定管夹：1 个。

（4）大肚移液管：10 mL，10 支。

（5）锥形瓶（即三角瓶）：200 mL，20 个。

（6）烧杯：1 000 mL，1 只；300 mL，10 只。

（7）容量瓶：100 mL，1 个。

（8）搪瓷杯：容量大于 1 200 mL，10 只。

（9）不锈钢搅拌棒或粗玻璃棒：长 30 cm～35 cm，10 根。

（10）托盘天平：称量 500 g、感量 0.5 g 和称量 100 g、感量 0.1 g 各 1 台。

（11）精密试纸：pH = 12～14，最好用 pH 值测定仪（酸度计）。

（12）量筒：100 mL、5 mL 各 1 个；50 mL，2 只。

（13）棕色广口瓶：60 mL，1 只（装紫脲酸胺粉或钙红），也可以用有盖塑料瓶。

（14）聚乙烯桶：20 L 的 1 个（装蒸馏水）；10 L 的 1 个（装氯化铵溶液）；聚乙烯瓶，1 L 的 1 个（装氢氧化钠）。

（15）聚乙烯试剂瓶：1 L 的 1 个（装 EDTA）。

（16）玻璃试剂瓶：1 个（盛放三乙醇胺）。

（17）秒表：1 只。

（18）表面皿：ϕ 9 cm，10 个。

（19）研钵：ϕ 12～13 cm，1 个。

（20）洗耳球 1 个，玻璃棒若干根，毛刷，去污粉，特种铅笔，滴管。

三、试　剂

（1）0.1 mol/m³ 乙二胺四乙酸二钠（简称 EDTA 二钠）标准液。

准确称取 EDTA 二钠（分析纯）37.226 g，用微热的无二氧化碳（CO_2）的蒸馏水溶解，待全部溶解并冷却至室温后，用容量瓶定容至 1 000 mL。

（2）10% 氯化铵（NH_4Cl）溶液。

将 500 g 氯化铵（分析纯或化学纯）放在 10 L 的聚乙烯桶内，加蒸馏水 4 500 mL，充分振荡，使氯化铵完全溶解。也可以分批在 1 000 mL 的烧杯内配制，然后倒入塑料桶内摇匀。

（3）1.8% 氢氧化钠（内含三乙醇胺）溶液。

将 18 g 氢氧化钠（分析纯）放入洁净干燥的 1 000 mL 烧杯中，加入 1 000 mL 蒸馏水使其全部溶解，待溶液冷至室温后，加入 2 mL 三乙醇胺（分析纯），搅拌均匀后储存于塑料桶中。

（4）钙红指示剂。

将 0.2 g 钙（钙红）试剂羟酸钠（分子式 $C_{21}H_{13}O_7N_2SNa$，相对分子质量 460.39）与 20 g 预先在 105 ℃ 烘箱中烘 1 h 的硫酸钾混合。一起加入研钵中，研成极细粉末，储于棕色广口瓶中，以防吸湿。

四、试验步骤

1. 准备标准曲线

（1）取样。取工地用石灰和集料，风干后分别过 2.0 mm 或 2.5 mm 筛，用烘干法或酒精烯烧法测其含水量（如为水泥可假定其含水量为 0%）。

（2）混合料组成的计算。

① 公式：

$$干料质量 = \frac{湿料质量}{1 + 含水量} \tag{5.5}$$

② 计算步骤：

a. 求干混合料质量 $= \dfrac{300\ g}{1 + 最佳含水量}$

b. 干土质量 = 干混合料质量 / （1 + 石灰（或水泥）剂量）

c. 干石灰（或水泥）质量 = 干混合料质量 – 干土质量

d. 湿土质量 = 干土质量 × （1 + 土的风干含水量）

e. 湿石灰质量 = 干石灰质量 × （1 + 石灰的风干含水量）

f. 石灰中应加入的水 = 300 g – 湿土质量 – 湿石灰质量

（3）准备试样。

① 必须严格保持所有仪器设备的清洁，应该用蒸馏水洗刷。

② 准备 5 种试样，每种 2 个样品（以水泥稳定料为例），如下所述。

1 种：称 2 份 300 g 集料（如为细粒土，则每份的质量可减为 100 g）分别放在 2 个搪瓷杯内。集料的含水量应等于工地预期达到的最佳含水量。集料中所加的水应与工地所用的水相同（300 g 为湿质量）。

2 种：准备 2 份水泥剂量为 2% 的水泥土混合料试样，每份均为 300 g，并分别放在 2 个搪瓷杯内。水泥土混合料的含水量应等于工地预期达到的最佳含水量。混合料中所加的水应与工地所用的水相同。

3 种、4 种、5 种：各准备 2 份水泥剂量分别为 4%、6%、8% 的水泥土混合料试样，每份均为 300 g，并分别放在 6 个搪瓷杯内，其他要求同 1 种。

③ 取一个盛有试样的搪瓷杯，在杯内加 600 mL 10% NH_4Cl 溶液（当仅用 100 g 混合料时，只需 200 mL 10% NH_4Cl 溶液）。用不锈钢搅拌棒充分搅拌 3 min（110 次/min ~ 120 次/min）。如水泥（或石灰）土混合料中的土是细粒土，则也可以用 1 000 mL 锥形瓶代替搪瓷杯，手握锥形瓶（瓶口向上）用力振荡 3 min（每分钟 120 次 ± 5 次），以代替搅拌棒搅拌。放置沉淀

4 min（如 4 min 后得到的是混浊悬浮液，则应增加放置沉淀时间，直到出现澄清悬浮液为止，并记录所需时间。以后所有该种水泥（或石灰）土混合料的试验，均应以同一时间为准）。然后将上部清液移到 300 mL 烧杯内，搅匀，加盖表面皿待测。

④ 用移液管吸取上层（液面下 1 mm ~ 2 mm）悬浮液 10 mL，放入 200 mL 的锥形瓶内，用量筒量取 50 mL 1.8% 氢氧化钠溶液（内含三乙醇胺）倒入三角瓶中，此时溶液 pH 值为 12.5 ~ 13.0（可用 pH 值介于 12.5 ~ 14 的精密试纸），然后加入钙红指示剂（体积约为黄豆大小），摇匀，溶液呈玫瑰红色，用 EDTA 二钠标准液滴定到纯蓝色为终点。记录 EDTA 二钠的耗量（以 mL 计，读至 0.1 mL）。

（4）对其他几个搪瓷杯中的试样，用同样的方法进行试验，并记录各自的 EDTA 二钠的耗量。

（5）以同一水泥或石灰剂量混合料消耗 EDTA 二钠毫升数的平均值为纵坐标，以水泥或石灰剂量（%）为横坐标制图。两者的关系应是一根顺滑的曲线，如图 5.1 所示。如素集料或水泥或石灰改变，必须重做标准曲线。

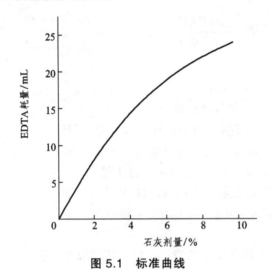

图 5.1　标准曲线

2. 试验操作步骤

（1）选取有代表性的水泥土或石灰土混合料，称 300 g 放在搪瓷杯中，用搅拌棒将结块搅散，加 600 mL 10% NH_4Cl 溶液，然后如前述步骤那样进行试验。

（2）利用所绘制的标准曲线，根据所消耗的 EDTA 二钠毫升数，确定混合料中的水泥或石灰剂量。

3. 注意事项

（1）每个样品搅拌的时间、速度和方式应力求相同，以增加试验的精度。

（2）做标准曲线时，如工地实际水泥剂量较大，素集料和低剂量水泥的试样可以不做，而直接用较高的剂量做试验，但应有两种剂量大于实际用剂量，以及两种剂量小于实际剂量。

（3）配制的氯化铵溶液，最好当天用完，不要放置过久，以免影响试验的精度。

试验记录见表 5.3。

表 5.3 水泥或石灰剂量测定试验记录

项目名称			测试单位	
取样地点		混合料名称	试验日期	
施工范围		试验规程编号	取样日期	
结构层名称		稳定剂种类		

说明：混合料 300 g，每份料用 NH_4Cl 溶液 600 mL 10% 稀释，10 mL 混合料悬浮液，50 mL 1.8% NaOH 溶液

标准曲线标定（每份集料 300 g）	干灰含量	EDTA 耗量/mL			
		1	2	平均	
	0%				
	2%				
	4%				
	6%				
	8%				

水泥剂量/%

EDTA 耗量/mL

试验序号	取样位置	EDTA 二钠标准液用量（0.1 mL）			水泥剂量/%	平均值 $\bar{X}$	统计结果	备注
		初读数	末读数	数量				
							平均值 $\bar{X} =$	
							标准差 $S =$	
							偏差系数 $C_V = S/\bar{X}$	

试验者＿＿＿＿＿＿　　组别＿＿＿＿＿＿　　成绩＿＿＿＿＿　　试验日期＿＿＿＿＿

第六章
沥青试验

试验一　沥青针入度试验

（T 0604—2011）

一、试验目的及适用范围

（1）沥青的针入度是在规定温度和时间内，附加一定质量的标准针垂直穿入试样的深度，单位为 1/10 mm。

针入度指数用以描述沥青的温度敏感性，宜在 15 ℃、25 ℃、30 ℃ 等 3 个或 3 个以上温度条件下测定，若 30 ℃ 的针入度值过大，可采用 5 ℃ 代替。当量软化点 T_{800} 是相当于沥青针入度为 800 时的温度，用以评价沥青的高温稳定性。当量脆点 $T_{1.2}$ 是相当于沥青针入度为 1.2 时的温度，用以评价沥青的低温抗裂性能。

（2）本方法适用于测定道路石油沥青、改性沥青针入度以及液体石油馏化或乳化沥青蒸发后残留物的针入度。用本方法评定聚合物改性沥青的改性效果时，仅适用于融混均匀的样品。

二、仪器设备

（1）针入度仪：凡能保证针和针连杆在无明显摩擦下垂直运动，并能使指示针贯入深度准确至 0.1 mm 的仪器均可使用。针和针连杆组合件总质量为 50 g ± 0.05 g，另附 50 g ± 0.05 g 砝码 1 只，试验时总质量为 100 g ± 0.05 g。当采用其他试验条件时，应在试验结果中注明。仪器设有放置平底玻璃保温皿的平台，并有调节水平的装置，针连杆应与平台相垂直。仪器设有针连杆制动按钮，使针连杆可自由下落。针连杆易于装拆，以便检查其质量。仪器还设有可自由转动与调节距离的悬臂，其端部有一面小镜或聚光灯泡，借以观察针尖与试样表面接触情况。当为自动针入度仪时，各项要求与此项相同，温度采用温度传感器测定，针入度值采用位移计测定，并能自动显示或记录，且应对自动装置的准确性经常校验。为提高测试精密度，不同温度的针入度试验宜采用自动针入度仪进行。

（2）标准针：由硬化回火的不锈钢制成，洛氏硬度 HRC = 54 ~ 60，表面粗糙度 R_a = 0.2 ~ 0.3 μm，针及针杆总质量 2.5 g ± 0.05 g，针杆上应打印有号码标志，针应设有固定用装置盒

（筒），以免碰撞针尖，每根针必须附有计量部门的检验单，并定期进行检验，其尺寸及针头如图6.1所示。

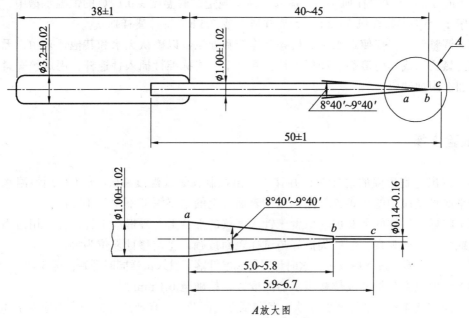

图 6.1　针入度标准针（尺寸单位：mm）

（3）盛样皿：金属制，圆柱形平底。小盛样皿的内径 55 mm，深 35 mm（适用于针入度小于 200）；大盛样皿内径 70 mm，深 45 mm（适用于针入度为 200～350）；对针入度大于 350 的试样须使用特殊盛样皿，其深度不小于 60 mm，试样体积不少于 125 mL。

（4）恒温水槽：容量不小于 10 L，控温的准确度为 0.1 ℃。水槽中应设有一带孔的搁架，位于水面下不得少于 100 mm，距水槽底不得少于 50 mm 处。

（5）平底玻璃皿：容量不少于 1 L，深度不少于 80 mm，内设有一不锈钢三脚支架，能使盛样皿稳定。

（6）温度计或温度传感器：精度为 0.1 ℃。

（7）计时器：精度为 0.1 s。

（8）盛样皿盖：平板玻璃，直径不小于盛样皿开口尺寸。

（9）溶剂：三氯乙烯等。

（10）位移计或位移传感器：精度为 0.1mm。

（11）其他：电炉或砂浴、石棉网、金属锅或瓷把坩埚等。

三、试验准备

（1）按规定的方法准备试样。

（2）按试验要求将恒温水槽调节到要求的试验温度 25 ℃，或 15 ℃、30 ℃（ 5 ℃），保持稳定。

（3）将试样注入盛样皿中，试样高度应超过预计针入度值 10 mm，并盖上盛样皿盖，以防落入灰尘。盛有试样的盛样皿在 15 ℃ ~ 30 ℃ 室温中冷却不少于 1.5 h（小盛样皿）、2 h（大盛样皿）或 3 h（特殊盛样皿）后，应移入保持规定试验温度 ± 0.1 ℃ 的恒温水槽中，并应保温不少于 1.5 h（小盛样皿）、2 h（大盛样皿）或 2.5 h（特殊盛样皿）。

（4）调整针入度仪使之水平。检查针连杆和导轨，以确认无水和其他外来物，无明显摩擦。用三氯乙烯或其他溶剂清洗标准针，并拭干。将标准针插入针连杆，用螺丝固紧。按试验条件加上附加砝码。

四、试验步骤

（1）取出达到恒温的盛样皿，并移入水温控制在试验温度 ± 0.1 ℃（可用恒温水槽中的水）的平底玻璃皿中的三脚支架上，试样表面以上的水层深度不少于 10 mm。

（2）将盛有试样的平底玻璃皿置于针入度仪的平台上。慢慢放下针连杆，用适当位置的反光镜或灯光反射观察，使针尖恰好与试样表面接触，将位移计复位为零。

（3）开始试验，按下释放键，这时计时与标准针落下贯入试样同时开始，至 5 s 时自动停止。

（4）读取刻度盘指针或位移指示器的读数，精确至 0.1 mm。

（5）同一试样平行试验至少 3 次，各测试点之间及与盛样皿边缘的距离不应少于 10 mm。每次试验后应将盛样皿的平底玻璃皿放入恒温水槽，使平底玻璃皿中水温保持试验温度。每次试验应换一根干净标准针或将标准针取下用蘸有三氯乙烯溶剂的棉花或布揩净，再用干棉花或布擦干。

（6）测定针入度大于 200 的沥青试样时，至少用 3 支标准针，每次试验后将针留在试样中，直到 3 次平行试验完成后，才能将标准针取出。

（7）测定针入度指数 P.I.时，按同样的方法在 15 ℃、25 ℃、30 ℃（或 5 ℃）3 个或 3 个以上（必要时增加 10 ℃，20 ℃ 等）温度条件下分别测定沥青的针入度，但用于仲裁试验的温度条件应为 5 个。

五、试验结果整理

（1）同一试样 3 次平行试验结果的最大值和最小值之差在下列允许偏差范围内时（表 6.1），计算 3 次试验结果的平均值，取整数作为针入度试验结果，以 0.1 mm 为单位。

表 6.1　沥青针入度试验精度要求

针入度（0.1 mm）	允许误差（0.1 mm）
0 ~ 49	2
50 ~ 149	4
150 ~ 249	12
250 ~ 500	20

当试验值不符合此要求时，应重新进行。

① 当试验结果小于 50（0.1 mm）时，重复性试验的允许差为 2（0.1 mm），再现性试验的允许差为 4（0.1 mm）。

② 当试验结果等于或大于 50（0.1 mm）时，重复性试验的允许差为平均值的 4%，再现性试验的允许差为平均值的 8%。

（2）试验记录表见表 6.2。

表 6.2　沥青针入度试验记录

试样编号				试样来源			
试样名称				初拟用途			
试验次数	试验温度 /°C	试验时间 /s	试验荷载 /N	指 针 读 数			针入度 P_{en}（0.1 mm）
				标准针穿入前	标准针穿入后	针入度	
1							
2							
3							
准确度校核							

试验者_____　　组别_____　　成绩_____　　试验日期_____

六、报　告

（1）沥青的种类。

（2）沥青的稠度状态。

（3）针入度值。

试验二　沥青延度试验

（T 0605—2011）

一、试验目的及适用范围

（1）沥青的延度是由规定形状（∞字形）的沥青试样，在规定温度下，以一定的速度延伸至拉断时的长度，以 cm 表示。

沥青延度的试验温度与拉伸速率可根据要求采用，通常采用的试验温度为 25 ℃、15 ℃、10 ℃ 或 5 ℃，拉伸速度为（5 ± 0.25）cm/min。当低温采用（1 ± 0.5）cm/min 拉伸速度时，应在报告中注明。

（2）本方法适用于测定道路石油沥青、液体沥青蒸馏残留物和乳化沥青蒸发残留物等材料的延度。

二、仪器设备

（1）延度仪：延度仪的测量长度不宜大于 150 cm，仪器应有自动控温、控速系统。应满足试件浸没于水中，能保持规定的试验温度及按照规定拉伸速度拉伸试件，且试验时无明显振动的延度仪均可使用，其组成如图 6.2 所示。

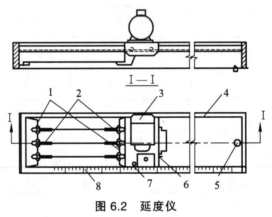

图 6.2　延度仪

1—试模；2—试样；3—电机；4—水槽；5—泄水孔；
6—开关；7—指针；8—标尺

（2）试模：黄铜制，由两个端模和侧模组成，其形成及尺寸如图 6.3 所示。试模内侧表面粗糙度 R_a = 0.2 μm，当装配完好后可浇铸试样。

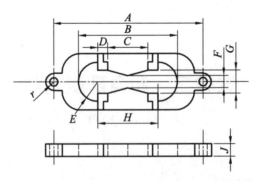

图 6.3　延度试模（尺寸单位：mm）

A—两端模环中心点距离 111.5 mm～113.5 mm；B—试件总长 74.5 mm～75.5 mm；C—端模间距 29.7 mm～30.3 mm；
D—肩长 6.8 mm～7.2 mm；E—半径 15.75 mm～16.25 mm；F—最小横断面宽 9.9 mm～10.1 mm；
G—端模口宽 19.8 mm～20.2 mm；H—两半圆心间距离 42.9 mm～43.1 mm；
I—端模孔直径 6.5 mm～6.7 mm；J—厚度 9.9 mm～10.1 mm

（3）试模底板：玻璃板或磨光的铜板、不锈钢板（表面粗糙度 $R_a = 0.2\ \mu m$）。

（4）恒温水槽：容量不少于 10 L，控制温度的准确度为 0.1 ℃，水槽中应设有带孔搁架，搁架距水槽底不得少于 50 mm。试件浸入水中深度不小于 100 mm。

（5）温度计：量程 0 ℃ ~ 50 ℃，分度值为 0.1 ℃。

（6）砂浴或其他加热炉具。

（7）甘油滑石粉隔离剂（甘油与滑石粉的质量比 2 : 1）。

（8）其他：平刮刀、石棉网、酒精、食盐等。

三、试验准备

（1）将隔离剂拌和均匀，涂于清洁干燥的试模底板和两个侧模的内侧表面，并将试模在试模底板上装妥。

（2）按规定的方法准备试样，然后将试样仔细自试模的一端至另一端往返数次缓缓注入模中，最后略高出试模，灌模时应注意勿使气泡混入。

（3）试件在室温中冷却不少于 1.5 h，然后用热刮刀刮除高出试模的沥青，使沥青面与试模面齐平。沥青的刮法应自试模的中间刮向两端，且表面应刮得平滑。将试模连同底板再浸入规定的试验温度的水槽中保温 1.5 h。

（4）检查延度仪延伸速度是否符合规定要求，然后移动滑板使其指针正对标尺的零点。将延度仪注水，并保温达试验温度 ± 0.1 ℃。

四、试验步骤

（1）将保温后的试件连同底板移入延度仪的水槽中，然后将盛有试样的试模自玻璃板或不锈钢板上取下，将试模两端的孔分别套在滑板及槽端固定板的金属柱上，并取下侧模。水面距试件表面应不小于 25 mm。

（2）开动延度仪，并注意观察试样的延伸情况。此时应注意，在试验过程中，水温应始终保持在试验温度规定范围内，且仪器不得有振动，水面不得有晃动，当水槽采用循环水时，应暂时中断循环，停止水流。

在试验中，如发现沥青细丝浮于水面或沉入槽底时，则应在水中加入酒精或食盐，调整水的密度至与试样相近后，重新试验。

（3）当试件拉断时，读取指针所指标尺上的读数，以厘米表示，在正常情况下，试件延伸时应成锥尖状，拉断时实际断面接近于零。如不能得到这种结果，则应在报告中注明。

五、试验结果整理

（1）同一试样，每次平行试验不少于 3 个，如 3 个测定结果均大于 100 cm，试验结果记为 ">100 cm"；有特殊需要也可分别记录实测值。如 3 个测定结果中，有 1 个以上的测定值小于 100 cm，若最大值或最小值与平均值之差满足重复性试验精密度要求，则取 3 个测定结果的平均值的整数作为延度试验结果,若平均值大于 100 cm,记为 ">100 cm";若最大值或最小值与平均值之差不符合重复性试验精度要求时,试验应重新进行。

(2)当试验结果小于 100 cm 时,重复性试验精度的允许误差为平均值的 20%,再现性试验精度的允许误差为平均值的 30%。

(3)试验记录表见表 6.3。

表 6.3　沥青延度试验记录

试样编号		试样来源				
试样名称		初拟用途				
试验温度 $T_0/℃$	延伸速度 $v/(m/min)$	延度 D/cm				拉伸情况描述
		试件 1	试件 2	试件 3	平均值	
准确度校核						

试验者＿＿＿＿＿　　组别＿＿＿＿＿　　成绩＿＿＿＿＿　　试验日期＿＿＿＿＿

六、报　告

(1)沥青的种类。

(2)沥青的稠度状态。

(3)针入延度。

试验三　沥青软化点试验(环球法)

(T 0606—2011)

一、试验目的及适用范围

(1)沥青的软化点试验是试样在规定尺寸的金属环内,其上放规定尺寸和质量的钢球,然后均放于水或甘油中,以每分钟升高 5 ℃ 的速度加热至软化下沉达规定距离(25.4 mm)时的温度,以 ℃ 表示。

(2)本方法适用于测定道路石油沥青、煤沥青的软化点,也适用于测定液体石油沥青经蒸馏或乳化沥青破乳蒸发后残留物的软化点。

二、仪器设备

(1)软化点试验仪:如图 6.4 所示,由下列部件组成。

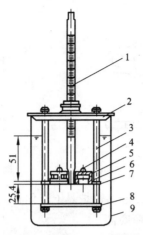

图 6.4 软化点试验仪（尺寸单位：mm）

1—温度计；2—上盖板；3—立杆；4—钢球；5—钢球定位环；
6—金属环；7—中层板；8—下层板；9—烧杯

① 钢球：直径 9.53 mm，质量 3.5 g ± 0.05 g。

② 试样环：黄铜或不锈钢等制成，形状尺寸如图 6.5 所示。

③ 钢球定位环：黄铜或不锈钢制成，形状尺寸如图 6.6 所示。

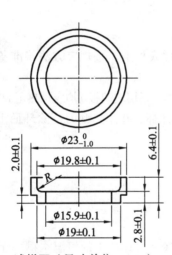

图 6.5 试样环（尺寸单位：mm）

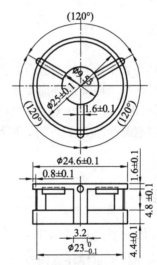

图 6.6 钢球定位环（尺寸单位：mm）

④ 金属支架：由两个主杆和三层平行的金属板组成。上层为一圆盘，直径略大于烧杯直径，中间有一圆孔，用以插放温度计。中层板形状尺寸如图 6.7 所示，板上有两个孔，各放置金属环，中间有一小孔可支持温度计的测温端部。一侧立杆距环上面 51 mm 处刻有水高标记。环下面距下层底板为 25.4 mm，而下底板距烧杯底不少于 12.7 mm，也不得大于 19 mm。三层金属板和主杆由两螺母固定在一起。

⑤ 耐热玻璃烧杯：容量 800 mL ~ 1 000 mL，直径不小于 86 mm，高不于 120 mm。

⑥ 温度计：量程 0 ℃ ~ 80 ℃，分度值 0.5 ℃。

（2）环夹：由薄钢条制成，用以夹持金属环，以便刮平表面，其形状、尺寸如图 6.8 所示。

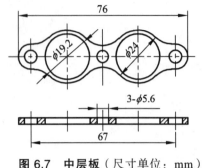

图 6.7　中层板（尺寸单位：mm）

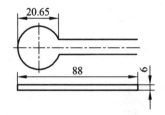

图 6.8　环夹（尺寸单位：mm）

（3）装有温度调节器的电炉或其他加热炉具（液化石油气、天然气等）。应采用带有振荡搅拌器的加热电炉，振荡器置于烧杯底部。

（4）试样底板：金属板（表面粗糙度 R_a 应达到 0.8 μm）或玻璃板。

（5）恒温水槽：控温的准确度为 ± 0.5 ℃。

（6）平直刮刀。

（7）甘油滑石粉隔离剂（甘油与滑石粉的质量比为 2∶1）。

（8）新煮沸过的蒸馏水。

（9）其他：石棉网。

三、试验准备

（1）将试样环置于涂有甘油滑石粉隔离剂的试样底板上。按规定方法将准备好的沥青试样徐徐注入试样环内至略高出环面为止。

如估计试样软化点高于 120 ℃，则试样环和试样底板（不用玻璃板）均应预热至 80 ℃~100 ℃。

（2）试样在室温冷却 30 min 后，用环夹夹着试样杯，并用热刮刀刮除环面上的试样，务使与环面齐平。

四、试验步骤

1. 试样软化点在 80 ℃ 以下者

（1）将装有试样的试样环连同试样底板置于 5 ℃ ± 0.5 ℃ 水的恒温水槽中至少 15 min；同时将金属支架、钢球、钢球定位环等也置于相同水槽中。

（2）烧杯内注入新煮沸并冷却至 5 ℃ 的蒸馏水或纯净水，水面略低于立杆上的深度标记。

（3）从恒温水槽中取出盛有试样的试样环放置在支架中层板的圆孔中，套上定位环；然后将整个环架放入烧杯中，调整水面至深度标记，并保持水温为 5 ℃ ± 0.5 ℃。环架上任何部分不得附有气泡。将 0 ℃~100 ℃ 的温度计由上层板中心孔垂直插入，使端部测温头底部与试样环下面齐平。

（4）将盛有水和环架的烧杯移至放在石棉网的加热炉具上，然后将钢球放在定位环中间的试样中央，立即开动振荡搅拌器，使水微微振荡，并开始加热，使杯中水温在 3 min 内调节至维持每分钟上升 5 ℃ ± 0.5 ℃。在加热过程中，应记录每分钟上升的温度值。如温度上升速度超出此范围，则试验应重做。

（5）试样受热软化逐渐下坠，至与下层底板表面接触时，立即读取温度，准确到 0.5 ℃。

2. 试样软化点在 80 ℃ 以上者

（1）将装有试样的试样环连同试样底板置于装有 32 ℃±1 ℃ 甘油的恒温槽中至少 15 min；同时将金属支架、钢球、钢球定位环等也置于甘油中。

（2）在烧杯内注入预先加热至 32 ℃ 的甘油，其液面略低于立杆上的深度标记。

（3）从恒温槽中取出装有试样的试样环，按上述方法进行测定，准确至 1 ℃。

五、试验结果整理

同一试样平行试验两次，当两次测定值的差值符合重复性试验允许误差要求时，取其平均值作为软化点试验结果，准确至 0.5 ℃。

允许误差：

（1）当试样软化点小于 80 ℃ 时，重复性试验的允许误差为 1 ℃，再现性试验的允许差为 4 ℃。

（2）当试样软化点等于或大于 80 ℃ 时，重复性试验的允许误差为 2 ℃，再现性试验的允许差为 8 ℃。

（3）试验记录格式见表 6.4。

表 6.4　沥青软化点试验记录

试样编号																试样来源		
试样名称																初拟用途		
试验次数	室内温度/℃	烧杯内液体种类	开始加热时间/s	开始加热液体温度/℃	烧杯中液体在下列各分钟末温度上升记录/℃													试样下垂与下层底板接触时的温度/℃	软化点/℃
					1	2	3	4	5	6	7	8	9	10	11	12	13	14	15		
1																					
2																					
准确度校核																					

试验者_____　　组别_____　　成绩_____　　试验日期_____

六、报　告

（1）沥青的种类。

（2）沥青的稠度状态。

（3）软化点。

试验四　沥青标准黏度试验

（T 0621—1993）

一、试验目的及适用范围

（1）沥青的黏度是试样在规定温度下，自沥青黏度计的规定尺寸的流孔流出 50 mL 试样所需的时间，以秒表示。

（2）本方法适用于液体石油沥青、软煤沥青、乳化沥青等材料流动状态时的黏度。

（3）本法测定的黏度应注明温度及流孔孔径以 $C_{T,d}$ 表示（T 为试验温度，单位℃；d 为孔径，单位 mm）。

二、仪器设备

（1）道路沥青标准黏度计：形状及尺寸如图 6.9 所示，由下列部分组成。

① 水槽：环槽形，内径 160 mm，深 100 mm，中央有一圆井，井壁与水槽之间距离不少于 55 mm。环槽中存放保温用液体（水或油），上下方各设有一流水管。水槽下装有可以调节高低的三脚架，架上有一圆盘承托水槽，水槽底离试验台面约 200 mm。水槽控温精密度 ± 0.2 ℃。

② 盛样管：形状及尺寸如图 6.10 所示，管体为黄铜而带流孔的底板为磷青铜制成。盛样管的流孔 d 有 3 mm ± 0.025 mm、4 mm ± 0.025 mm、5 mm ± 0.025 mm 和 10 mm ± 0.025 mm 四种。根据试验需要，选择盛样管流孔的孔径。

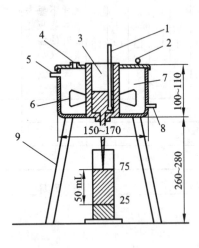

图 6.9　沥青黏度计（尺寸单位：mm）

1—球塞；2—摇把；3—黏度杯；4—温度计孔；5—出水孔；
6—搅拌器；7—水浴；8—接恒温器；9—支架

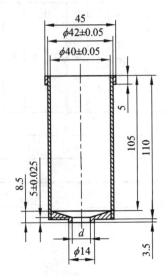

图 6.10　盛样管（尺寸单位：mm）

③ 球塞：用以堵塞流孔，形状尺寸如图 6.11 所示，杆上有一标记。球塞直径 12.7 mm ± 0.05 mm 的标记高为 90.3 mm ± 0.25 mm，用以指示 10 mm 盛样管内试样的高度；球塞直径 6.35 mm ± 0.05 mm 的标记高为 90.3 mm ± 0.05 mm，用以指示其他盛样管内试样的高度。

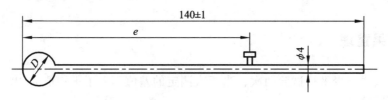

图 6.11　球塞（尺寸单位：mm）

④ 水槽盖：盖的中央有套筒，可套在水槽的圆井上，下附有搅拌叶，盖上有一把手，转动把手时可借搅拌叶调匀水槽内水温。盖上还有一插孔，可放置温度计。

⑤ 温度计：分度为 0.1 ℃。

⑥ 接受瓶：开口，圆柱形玻璃容器，100 mL 在 50 mL、75 mL、100 mL 处有刻度；也可采用 100 mL 量筒。

⑦ 流孔检查棒：磷青铜制，长 100 mm，检查 4 mm 和 10 mm 流孔及检查 3 mm 和 5 mm 流孔各 1 支，检查段位于两端，长度不少于 10 mm，直径按流孔下限尺寸制造。

（2）秒表：分度 0.1 s。

（3）循环恒温水槽。

（4）肥皂水或矿物油。

（5）其他：加热炉、大蒸发皿等。

三、试验准备

（1）按规定方法准备沥青试样，根据沥青材料的种类和稠度，选择需要流孔孔径盛样管，置水槽圆井中。用规定的球塞堵好流孔，流孔下放蒸发皿，以备接受不慎流出的试样。除 10 mm 流孔采用直径 12.7 mm 球塞外，其余流孔均采用直径 6.35 mm 的球塞。

（2）根据试验温度需要，调整恒温水槽的水温为试验温度 ± 0.1 ℃，并将其进出口与黏度计水槽的进出口用胶管接妥，使热水流进行正常循环。

四、试验步骤

（1）将试样加热至比试验温度高 2 ℃ ~ 3 ℃（如试验温度低于室温，试样须冷却至比试验温度低 2 ℃ ~ 3 ℃）时，注入盛样管，其数量以液面到达球塞杆垂直时杆上的标记为准。

（2）试样在水槽中保持试验温度至少 30 min，用温度计轻轻搅拌试样，测量试样的温度为试验温度 ± 0.1 ℃，调整试样液面至球塞杆的标记处，再继续保温 1 min ~ 3 min。

（3）将流孔下蒸发皿移去，放置接受瓶或量筒，使其中心正对流孔。接受瓶或量筒可预先注入肥皂水或矿物油 25 mL，以利洗涤及读数准确。

（4）提起球塞，借标记悬挂在试样管边上，待试样流入接受瓶或量筒达 25 mL（量筒刻度 50 mL）时，按动秒表，待试样流出 75 mL（量筒刻度 100 mL）时，按停秒表。

（5）记取试样流出 50 mL 所经过的时间，以 s 计，即为试样的黏度。

五、试验结果整理

（1）同一试样至少平行试验两次，当两次测定的差值不大于平均值的 4% 时，取其平均值的整数作为试验结果。

（2）重复性试验的允许差为平均值的 4%。

（3）试验记录表见表 6.5。

表 6.5　沥青标准黏度试验记录

试样编号		试样来源				
试样名称		初拟用途				
试验次数	流孔径/mm	保温水浴中水的温度/°C	试验时试样温度/°C	量杯中肥皂水量/mL	试验流出 50 mL 沥青需时间/s	黏度/s
1						
2						
准确度校核						

试验者＿＿＿＿＿＿　　组别＿＿＿＿＿＿　　成绩＿＿＿＿＿＿　　试验日期＿＿＿＿＿＿

六、报　告

（1）沥青的种类。
（2）沥青的稠度状态。
（3）所用试验方法及仪器类别。
（4）黏度。

第七章
沥青混合料试验

试验一 沥青混合料试件制作试验（击实法）

（T 0702—2011）

一、试验目的及适用范围

（1）本方法适用于标准击实法或大型击实法制作沥青混合料试件，以供试验室进行沥青混合料物理力学性质试验使用。

（2）标准击实法适用于标准马歇尔试验、间接抗拉试验（劈裂法）等所使用的ϕ101.6 mm×63.5 mm 圆柱体试件的成型。大型击实法适用于大型马歇尔试验和ϕ152.4 mm×95.3 mm 的大型圆柱体试件的成型。

（3）沥青混合料试件制作时的条件及试件数量应符合如下规定：

① 当集料公称最大粒径小于或等于 26.5 mm 时，采用标准击实法。一组试件的数量通常不少于 4 个。

② 当集料公称最大粒径大于 26.5 mm，宜采用大型击实法，一组试件数量不少于 6 个。

二、仪器设备

自动击实仪：击实仪应具有自动记数、控制仪表、按钮设置、复位及暂停等功能。

按其用途分为以下两种：

（1）标准击实仪：由击实锤、ϕ98.5 mm 平圆形压实头及带手柄的导向棒组成。用机械将击实锤举起，至 457.2 mm ± 1.5 mm 高度沿导向棒自由落下击实，标准击实锤质量4 536 g ± 9 g。

大型击实仪：由击实锤、ϕ（149.4 ± 0.1）mm 平圆形压实头及带手柄的导向棒组成。用机械将击实锤举起，至 457.2 mm ± 2.5 mm 高度沿导向棒自由落下击实，大型击实锤质量10 210 g ± 10 g。

（2）标准击实台：用以固定试模，在 200 mm×200 mm×457 mm 的硬木墩上面有一块305 mm×305 mm×25 mm 的钢板，木墩用 4 根型钢固定在下面的水泥混凝土板上。本墩采用青冈栎、松或其他干密度为 0.67 g/cm³ ~ 0.77 g/cm³ 的硬木制成。人工击实或机械击实均必须有此标准击实台。

自动击实仪是将标准击实锤及标准击实台安装一体并用电力驱动使击实锤连续击实试件且可自动记数的设备，击实速度为 60 次/min ± 5 次/min。大型击实法电动击实的功率不小于 250 W。

（3）试验室用沥青混合料拌和机：能保证拌和温度并充分拌和均匀，可控制拌和时间，容量不小于 10 L，如图 7.1 所示。搅拌叶自转速度 70 r/min ~ 80 r/min，公转速度 40 r/min ~ 50 r/min。

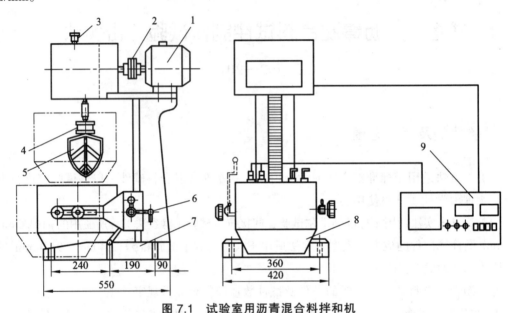

图 7.1　试验室用沥青混合料拌和机

1—电机；2—联轴器；3—变速箱；4—弹簧；5—拌和叶片；6—升降手柄；
7—底座；8—加热拌和锅；9—温度时间控制仪

（4）脱模器：电动或手动，可无破损地推出圆柱体试体，备有标准圆柱体试件及大型圆柱体试件尺寸的推出环。

（5）试模：由高碳钢或工具钢制成，标准击实仪试模的内径为 101.6 mm ± 0.2 mm、高 87 mm 的圆柱形金属筒、底座（直径约 120.6 mm）和套筒（内径 104.8 mm、高 70 mm）。

大型击实仪的试模与套筒如图 7.2 所示。套筒外径 165.1 mm，内径 155.6 mm ± 0.3 mm，总高 83 mm。试模内径 152.4 mm ± 0.2 mm，总高 115 mm。底座板厚 12.7 mm，直径 172 mm。

（6）烘箱：大、中型各 1 台，装有温度调节器。

（7）天平或电子秤：用于称量矿料的，感量不大于 0.5 g；用于称量沥青的，感量不大于 0.1 g。

（8）沥青运动黏度测定设备：布洛克菲尔德黏度计。

（9）插刀或大螺丝刀。

（10）温度计：分度值 1 ℃。宜采用有金属插杆的插入式数显温度计，金属插杆的长度不小于 150 mm。量程为 0 ℃ ~ 300 ℃。

（11）其他：电炉或煤气炉、沥青熔化锅、拌和铲、标准筛、滤纸（或普通纸）、胶布、卡尺、秒表、粉笔、棉纱等。

124

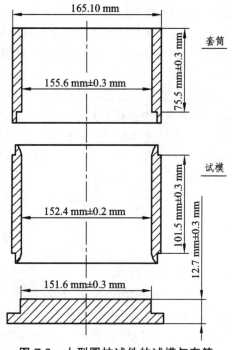

图 7.2　大型圆柱试件的试模与套筒

三、试验准备

（1）确定制作沥青混合料试件的拌和与压实温度。

当缺乏沥青黏度测定条件时，试件的拌和与压实温度可按表 7.1 选用，并根据沥青品种和标号作适当调整。针入度小、稠度大的沥青取高限，针入度大、稠度小的沥青取低限，一般取中值。对改性沥青，应根据改性剂的品种和用量，适当提高混合料的拌和压实温度。对大部分聚合物改性沥青，通常在普通沥青的基础上提高 10 ℃～20 ℃；在掺加纤维时，尚须再提高 10 ℃ 左右。

常温沥青混合料的拌和及压实在常温下进行。

表 7.1　沥青混合料拌和及压实温度参考表

沥青混合料种类	拌和温度/℃	压实温度/℃
石油沥青	140～160	120～150
改性沥青	160～175	140～170

（2）按规定方法在拌和厂或施工现场采集沥青混合料试样。将试样置于烘箱中加热或保温，在混合料中插入温度计测量温度，待混合料温度符合要求后成型。需要拌和时可倒入已加热的室内沥青混合料拌和机中适当拌和，时间不超过 1 min。但不得用铁锅在电炉或明火上加热炒拌。

（3）在试验室人工配制沥青混合料时，材料准备按下列步骤进行：

① 将各种规格的矿料置于 105 ℃ ± 5 ℃ 的烘箱中烘干至恒量（一般不少于 4 h ~ 6 h）。

② 将烘干分级的粗细集料，按每个试件设计级配要求称其质量，在一金属盘中混合均匀，矿粉单独加热，置烘箱中预热至沥青拌和温度以上约 15 ℃（采用石油沥青时通常为 163 ℃；采用改性沥青时通常需 180 ℃）备用。一般按一组试件（每组 4 ~ 6 个）备料，但进行配合比设计时宜对每个试件分别备料。常温沥青混合料的矿料不应加热。

③ 将按规定方法采集的沥青试样，用烘箱加热至规定的沥青混合料拌和温度，但不得超过 175 ℃。当不得已采用燃气炉或电炉直接加热进行脱水时，必须使用石棉垫隔开。

（4）用蘸有少许黄油的棉纱擦净试模、套筒及击实座等置于 100 ℃ 左右烘箱中加热 1 h 备用。常温沥青混合料用试模不加热。

四、试验步骤

（1）拌制黏稠石油沥青或煤沥青混合料。

① 将沥青混合料拌和机预热至拌和温度以上 10 ℃ 左右。

② 将加热的粗细集料置于拌和机中，用小铲子适当混合；然后再加入需要数量的沥青（如沥青已称量在一专用容器内，可在倒掉沥青后用一部分热矿粉将沾在容器壁上的沥青擦拭一起倒入拌和锅中），开动拌和机，一边搅拌，一边将拌和叶片插入混合料中拌和 1 min ~ 1.5 min；暂停拌和，加入加热的矿粉，继续拌和至均匀为止，并使沥青混合料保持在要求的拌和温度范围内。标准的总拌和时间为 3 min。

（2）马歇尔标准击实法的成型步骤：

① 将拌好的沥青混合料，用小铲适当拌和均匀称取一个试件所需的用量（标准马歇尔试件约 1 200 g，大型马歇尔试件约 4 050 g）。当已知沥青混合料的密度时，可根据试件的标准尺寸计算并乘以 1.03 得到要求的混合料数量。当一次拌和几个试件时，宜将其倒入经预热的金属盘中，用小铲适当拌和均匀分成几份，分别取用。在试件制作过程中，为防止混合料温度下降，应连盘放在烘箱中保温。

② 从烘箱中取出预热的试模及套筒，用蘸有少许黄油的棉纱擦拭套筒、底座及击实锤底面，将试模装在底座上，垫一张圆形的吸油性小的纸，用小铲将混合料铲入试模中，用插刀或大螺丝刀沿周边插捣 15 次，中间 10 次。插捣后将沥青混合料表面整平。对大型马歇尔试件，混合料分两次加入，每次插捣次数同上。

③ 插入温度计，至混合料中心附近，检查混合料温度。

④ 待混合料温度符合要求的压实温度后，将试模连同底座一起放在击实台上固定，在装好的混合料上面垫一张吸油性小的圆纸；再将装有击实锤及导向棒的压实头插入试模中；然后开启电动机使击实锤从 457 mm 的高度自由落下击实规定的次数（75 或 50 次）。对大型马歇尔试件，击实次数为 75 次（相应于标准击实 50 次的情况）或 112 次（相应于标准击实 75 次的情况）。

⑤ 试件击实一面后，取下套筒，将试模翻面，装上套筒，然后以同样的方法和次数击实另一面。

乳化沥青混合料试件在两面击实后，将一组试件在室温下横向放置 24 h；另一组试件置温度为 105 ℃ ± 5 ℃ 的烘箱中养生 24 h。将养生试件取出后再立即两面锤击各 25 次。

⑥ 试件击实结束后，立即用镊子取掉上下面的纸，用卡尺量取试件离试模上口的高度并由此计算试件高度，如高度不符合要求，试件应作废，并按下式调整试件的混合料质量，以保证高度符合 63.5 mm ± 1.3 mm（标准试件）或 95.3 mm ± 2.5 mm（大型试件）的要求。

$$调整后混合料质量 = \frac{要求试件高度 \times 原用混合料质量}{所得试件的高度}$$

（3）卸去套筒和底座，将装有试件的试模横向放置冷却至室温后（不少于 12 h）置脱模机上脱出试件。用于作现场马歇尔指标检验的试件，在施工质量检验过程中如急需试验，允许采用电风扇吹冷 1 h 或浸水冷却 3 min 以上的方法脱模，但浸水脱模法不能用于测量密度、空隙率等各项物理指标。

（4）将试件仔细置于干燥洁净的平面上，供试验用。

五、试验记录

试验记录表见表 7.2。

表 7.2 沥青混合料试件制作试验（击实法）记录

试样编号			试样来源			
试样名称			初拟用途			
配合组成	组成材料名称		配合时所需质量/g		配合比/%	

试件编号	制备日期	成型温度	成型压力	试件尺寸		试件用途
		T/℃	F_0/Pa	高度 h	直径 d	

试验者_____ 组别_____ 成绩_____ 试验日期_____

试验二 压实沥青混合料密度试验（表干法）

（T 0705—2011）

一、试验目的及适用范围

（1）表干法适用于测定吸水率不大于 2% 的各种沥青混合料试件，包括密级配沥青混凝土、沥青玛琋脂碎石混合料（SMA）和沥青稳定碎石等沥青混合料试件的毛体积相对密度或毛体积密度。标准温度为 25 ℃ ± 0.5 ℃。

（2）本方法测定的毛体积密度和毛体积相对密度适用于计算沥青混合料试件的空隙率、矿料间隙率等各项体积指标。

二、仪器设备

（1）浸水天平或电子秤：当最大称量在 3 kg 以下时，感量不大于 0.1 g；最大称量在 3 kg 以上时，感量不大于 0.5 g。应有测量水中质量的挂钩。

（2）网篮。

（3）溢流水箱：如图 7.3 所示，使用洁净水，有水位溢流装置，保持试件和网篮浸入水中后的水位一定。能调整水温至 25 ℃ ± 0.5 ℃。

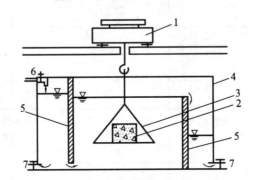

图 7.3 溢流水箱及下挂法水中重称量方法示意图

1—浸水天平或电子秤；2—试件；3—网篮；4—溢流水箱；
5—水位搁板；6—注入口；7—放水阀门

（4）试件悬吊装置：天平下方悬吊网篮及试件的装置，吊线应采用不吸水的细尼龙线绳，并有足够的长度，对轮碾成型机成型的板块状试件可用铁丝悬挂。

（5）秒表。

（6）毛巾。

（7）电风扇或烘箱。

三、试验步骤

准备试件：本试验可以采用室内成型的试件，也可以采用工程现场钻芯、切割等方法获得的试件。当采用现场钻芯取样时，应按照标准方法进行。试验前取件宜在阴凉处保存（温度不宜高于 35 ℃），且放置在水平的平面上，注意不要使试件产生变形。

（1）选择适宜的浸水天平或电子秤，最大称量应满足试件质量的要求。

（2）除去试件表面的浮粒，称取干燥试件的空中质量（m_a），根据选择的天平的感量读数，准确至 0.1 g 或 0.5 g。

（3）将溢满水箱水温保持在 25 ℃ ± 0.5 ℃。挂上网篮，浸入溢流水箱中，调节水位，将天平调平或复零，把试件置于风篮中（注意不要晃动水）浸水中 3 min ~ 5 min，称取水中质量（m_w）。若天平读数持续变化，不能很快达到稳定，说明试件吸水较严重，不适用于此法测定，应改用蜡封法测定。

（4）从水中取出试件，用洁净柔软的拧干的湿毛巾轻轻擦去试件的表面水（不得吸走空隙内的水），称取试件的表干质量（m_f）。从试件拿出水面到擦拭结束不宜超过 5 s，称量过程中流出的水不得再擦拭。

（5）对从工程现场钻取的非干燥试样，可先称取水中质量（m_w）和表干质量（m_f），然后用电风扇将试件吹干至恒重（一般不少于 12 h，当不须进行其他试验时，也可用 60 ℃ ± 5 ℃ 烘箱烘干至恒重），再称取空气中质量（m_a）。

四、试验结果整理

（1）计算试件的吸水率，取 1 位小数。

试件的吸水率即试件吸水体积占沥青混合料毛体积的百分率，按式（7.1）计算。

$$S_a = \frac{m_f - m_a}{m_f - m_w} \times 100 \tag{7.1}$$

式中　S_a——试件的吸水率（%）；

　　　m_a——干燥试件的空中质量（g）；

　　　m_w——试件的水中质量（g）；

　　　m_f——试件的表干质量（g）。

（2）计算试件的毛体积相对密度和毛体积密度，取 3 位小数。

当试件的吸水率符合 $S_a < 2\%$ 要求时，试件的毛体积相对密度和毛体积密度按式（7.2）及式（7.3）计算；当吸水率 $S_a > 2\%$ 要求时，应改用蜡封法测定。

$$\gamma_f = \frac{m_a}{m_f - m_w} \tag{7.2}$$

$$\rho_f = \frac{m_a}{m_f - m_w} \cdot \rho_w \tag{7.3}$$

式中　γ_f——用表干法测定的试件毛体积相对密度（无量纲）；

　　　　ρ_f——用表干法测定的试件毛体积密度（g/cm³）；

　　　　ρ_w——25 ℃时水的密度，取 0.997 1 g/cm³。

（3）试件的空隙率按式（7.4）计算，取 1 位小数。

$$VV=\left(1-\frac{\gamma_f}{\gamma_t}\right)\times100 \tag{7.4}$$

式中　VV——试件的空隙率（%）；

　　　　γ_t——沥青混合料理论最大相对密度，按式（7.5）或式（7.6）计算或实测得到，无量纲；

　　　　γ_f——试件的毛体积相对密度，无量纲，通常采用表干法测定；当试件吸水率 $S_a>2\%$ 时，宜采用蜡封法测定；当按规定容许采用水中重法测定时，也可用表观相对密度 γ_a 代替。

（4）按式（7.5）计算矿料的合成毛体积相对密度，取 3 位小数。

$$\gamma_{sb}=\frac{100}{\dfrac{P_1}{\gamma_1}+\dfrac{P_2}{\gamma_2}+\cdots+\dfrac{P_n}{\gamma_n}} \tag{7.5}$$

式中　γ_{sb}——矿料的合成毛体积相对密度，无量纲；

　　　　$P_1，P_2，\cdots，P_n$——各种矿料占矿料总量的百分率（%），其和为 100；

　　　　$\gamma_1，\gamma_2，\cdots，\gamma_n$——各种矿料的相对密度，无量纲；采用《公路工程集料试验规程》（JTGE42—2005）的方法进行测定，粗集料按 T0304 方法测定；机制砂石及石屑可按 T0330 方法测定，也可以用筛出的 2.36 mm ~ 4.75 mm 部分按 T0304 方法测定的毛体积相对密度代替；矿粉（含消石灰、水泥）采用表现相对密度。

（5）按式（7.6）计算矿料的合成表现相对密度，取 3 位小数。

$$\gamma_{sa}=\frac{100}{\dfrac{P_1}{\gamma_1'}+\dfrac{P_2}{\gamma_2'}+\cdots+\dfrac{P_n}{\gamma_n'}} \tag{7.6}$$

式中　γ_{sa}——矿料的合成表现相对密度，无量纲；

　　　　$\gamma_1'，\gamma_2'，\cdots，\gamma_n'$——各种矿料的表现相对密度，无量纲。

（6）确定矿料的有效相对密度，取 3 位小数。

对非改性沥青混合料，采用真空法实测理论最大相对密度，取平均值。按式（7.7）计算合成矿料的有效相对密度 γ_{se}：

$$\gamma_{se}=\frac{100-P_b}{\dfrac{100}{\gamma_t}-\dfrac{P_b}{\gamma_b}} \tag{7.7}$$

式中 γ_{se}——合成矿料的有效相对密度，无量纲；

P_b——沥青用量，即沥青质量占沥青混合料总质量的百分比（%）；

γ_b——25 ℃时沥青的相对密度，无量纲；

γ_t——实测的沥青混合料理论最大相对密度，无量纲。

对改性沥青及 SMA 等难以分散的混合料，有效相对密度宜直接由矿料的合成毛体积相对密度与合成表现相对密度按式（7.8）计算确定，其中沥青吸收系数 C 值根据材料的吸水率由式（7.9）求得，合成矿料的吸水率按式（7.10）计算。

$$\gamma_{se} = C \times \gamma_{sa} + (1-C) \times \gamma_{sb} \tag{7.8}$$

$$C = 0.033w_x^2 - 0.293\,6w_x + 0.933\,9 \tag{7.9}$$

$$w_x = \left(\frac{1}{\gamma_{sb}} - \frac{1}{\gamma_{sa}} \right) \times 100 \tag{7.10}$$

式中 C——沥青吸收系数，无量纲；

w_x——合成矿料的吸水率（%）。

（7）确定沥青混合料的理论最大相对密度，取 3 位小数。

对非改性的普通沥青混合料，采用真空法实测沥青混合料的理论最大相对密度 γ_t。

对改性沥青或 SMA 混合料宜按式（7.11）或式（7.12）计算沥青混合料对应油石比的理论最大相对密度。

$$\gamma_t = \frac{100 + P_a}{\dfrac{100}{\gamma_{se}} + \dfrac{P_a}{\gamma_b}} \tag{7.11}$$

$$\gamma_t = \frac{100 + P_a + P_x}{\dfrac{100}{\gamma_{se}} + \dfrac{P_a}{\gamma_b} + \dfrac{P_x}{\gamma_x}} \tag{7.12}$$

式中 γ_t——计算沥青混合料对应油石比的理论最大相对密度，无量纲；

P_a——油石比，即沥青质量占矿料总质量的百分比（%）；

$$P_a = [P_b/(10 - P_b)] \times 100$$

P_x——纤维用量，即纤维质量占矿料总质量的百分比（%）；

γ_x——25 ℃时纤维的相对密度，由厂方提供或实测得到，无量纲；

γ_{se}——合成矿料的有效相对密度，无量纲；

γ_b——25 ℃时沥青的相对密度，无量纲。

对旧路面钻取芯样的试件缺乏材料密度、配合比及油石比的沥青混合料，可以采用真空法实测沥青混合料的理论最大相对密度 γ_t。

（8）按式（7.13）~（7.15）计算试件的空隙率、矿料间隙率 VMA 和有效沥青的饱和度 VFA，取 1 位小数。

131

$$VV = \left(1 - \frac{\gamma_f}{\gamma_t}\right) \times 100 \tag{7.13}$$

$$VMA = \left(1 - \frac{\gamma_f}{\gamma_{sb}} \times \frac{P_s}{100}\right) \times 100 \tag{7.14}$$

$$VFA = \frac{VMA - VV}{VMA} \times 100 \tag{7.15}$$

式中 VV——沥青混合料试件的空隙率（%）；

　　　　VMA——沥青混合料试件的矿料间隙率（%）；

　　　　VFA——沥青混合料试件有效沥青饱和度（%）；

$$P_s = 100 - P_b$$

　　　　γ_{sb}——矿料的合成毛体积相对密度，无量纲；

　　　　P_s——各种矿料占沥青混合料总质量的百分率之和（%）。

（9）按式（7.16）～（7.18）计算沥青结合料被矿料吸收的比例及有效沥青含量、有效沥青体积百分率，取 1 位小数。

$$P_{ba} = \frac{\gamma_{se} - \gamma_{sb}}{\gamma_{se} \times \gamma_{sb}} \times \gamma_b \times 100 \tag{7.16}$$

$$P_{be} = P_b - \frac{P_{ba}}{100} \times P_s \tag{7.17}$$

$$V_{be} = \frac{\gamma_f \times P_{be}}{\gamma_b} \tag{7.18}$$

式中 P_{ba}——沥青混合料中被矿料吸收的沥青质量占矿料总质量的百分率（%）；

　　　　P_{be}——沥青混合料中的有效沥青含量（%）；

　　　　V_{be}——沥青混合料试件的有效沥青体积百分率（%）。

（10）按式（7.19）计算沥青混合料的粉胶比，取 1 位小数。

$$F_B = \frac{P_{0.075}}{P_{be}} \tag{7.19}$$

式中 F_B——粉胶比，沥青混合料的矿料中 0.075 mm 通过率与有效沥青含量的比值，无量纲；

　　　　$P_{0.075}$——矿料级配中 0.075 mm 的通过百分率（%）。

（11）按式（7.20）计算集料的比表面积，按式（7.21）计算沥青混合料沥青膜有效厚度。各种集料粒径的表面积系数按下表取用。

$$S_A = \sum (P_i \times F_{Ai}) \tag{7.20}$$

$$D_A = \frac{P_{be}}{\rho_b \times P_s \times S_A} \times 1\,000 \tag{7.21}$$

式中 S_A——集料的比表面积（m²/kg）；

P_i——集料各粒径的质量通过百分率（%）；

F_{Ai}——各筛孔对应集料的表面积系数（m²/kg），按表 T 0705-1 确定；

D_A——沥青膜有效厚度（μm）；

ρ_b——沥青 25 ℃ 时的密度（g/cm³）。

表 7.3　集料的表面积系数及比表面积计算示例

筛孔尺寸/mm	19	16	13.2	9.5	4.75	2.36	1.18	0.6	0.3	0.15	0.075
表面积系数 F_{Ai}/（m²/kg）	0.004 1	—	—	—	0.004 1	0.008 2	0.016 4	0.028 7	0.061 4	0.122 9	0.327 7
集料各粒径的质量通过百分率 P_i/%	100	92	85	76	60	42	32	23	16	12	6
集料的比表面积 $F_{Ai} \times P_i$/（m²/kg）	0.41	—	—	—	0.25	0.34	0.52	0.66	0.98	1.47	1.97
集料比表面积总和 S_A/（m²/kg）	$S_A = 0.41 + 0.25 + 0.34 + 0.52 + 0.66 + 0.98 + 1.47 + 1.97 = 6.60$										

注：矿料级配中大于 4.75 mm 集料的表面积系数 F_A 均取 0.004 1。计算集料比表面积时，大于 4.75 mm 集料的比表面积只计算一次，即只计算最大粒径对应部分如表 T 0705-1，该例的 S_A = 6.60 m²/kg，若沥青混合料的有效沥青含量为 4.65%，沥青混合料的沥青用量为 4.8%，沥青的密度 1.03 g/cm³，P_s = 95.2，则沥青膜厚度 D_A = 4.65/（95.2 × 1.03 × 6.60）× 1 000 = 7.19 μm。

（12）粗集料骨架间隙率可按式（7.22）计算，取 1 位小数。

$$VCA_{\text{mix}} = 100 - \frac{\gamma_f}{\gamma_{ca}} \times P_{ca} \tag{7.22}$$

式中　VCA_{mix}——粗集料骨架间隙率（%）；

P_{ca}——矿料中所有粗集料质量占沥青混合料总质量的百分率（%），按式（7.23）计算得到：

$$P_{ca} = P_s \times PA_{4.75}/100 \tag{7.23}$$

$PA_{4.75}$——矿料级配中 4.75 mm 筛余量，即 100 减去 4.75 mm 通过率；

注：$PA_{4.75}$ 对于一般沥青混合料为矿料级配中 4.75 mm 筛余量，对于公称最大粒径不大于 9.5 mm SMA 混合料为 2.36 mm 筛余量，对特大粒径根据需要可以选择其他筛孔。

γ_{ca}——矿料中所有粗集料的合成毛体积相对密度，按式（7.24）计算，无量纲；

$$\gamma_{ca} = \frac{P_{1c} + P_{2c} + \cdots + P_{nc}}{\dfrac{P_{1c}}{\gamma_{1c}} + \dfrac{P_{2c}}{\gamma_{2c}} + \cdots + \dfrac{P_{nc}}{\gamma_{nc}}} \tag{7.24}$$

$P_{1c}, \cdots, P_{nc}$——矿料中各种粗集料占矿料总质量的百分比（%）；

$\gamma_{1c}, \cdots, \gamma_{nc}$——矿料中各种粗集料的毛体积相对密度。

五、试验记录

试验记录表见表 7.4。

表 7.4　压实沥青混合料密度试验（表干法）记录

试样编号			试样来源						
试样名称			初拟用途						
混合料用　途		矿料品种		矿粉密度/（g/cm³）					
混合料类　型		粗集料表观密度/（g/cm³）		沥青品种					
混合料配　比		细集料表观密度/（g/cm³）		沥青密度ρ/（g/cm³）					
试件编号	沥青用量P_a/%	干燥质量m_a/g	水中质量m_f/g	表干质量m_f/g	实测密度ρ_f/（g/cm³）	理论密度ρ_f'/（g/cm³）	沥青含量百分率/%	试件空隙率VV/%	矿料间隙率VMA/%	沥青饱和度VFA/%

试验者＿＿＿＿＿＿＿　　组别＿＿＿＿＿＿　　成绩＿＿＿＿＿＿　　试验日期＿＿＿＿＿

试验三　沥青混合料马歇尔稳定度试验

（T 0709—2011）

一、试验目的及适用范围

（1）本方法适用于马歇尔稳定度试验和浸水马歇尔稳定度试验，以进行沥青混合料的配合比设计或沥青路面施工质量检验。浸水马歇尔稳定度试验（根据需要，也可进行真空饱水马歇尔试验）供检验沥青混合料受水损害时抵抗剥落的能力时使用，通过测试其水稳定性检验配合比设计的可行性。

（2）本方法适用于标准马歇尔试件圆柱体和大型马歇尔试件圆柱体。

二、仪器设备

（1）沥青混合料马歇尔试验仪：分为自动式和手动式。自动式马歇尔试验仪应具备控制装置、记录荷载-位移曲线、自动测定荷载与试件的垂直变形，能自动显示和存储或打印试验结果等功能。手动式由人工操作，试验数据通过操作者目测后读取数据。对用于高速公路和一级公路的沥青混合料宜采用自动马歇尔试验仪。当集料公称最大粒径小于或等于 26.5 mm 时，宜采用 ϕ101.6 mm × 63.5 mm 的标准马歇尔试件，试验仪最大荷载不得小于 25 kN，读数准确度为 0.1 kN，加载速率应能保持 50 mm/min ± 5 mm/min。钢球直径 16 mm ± 0.05 mm，上下压头曲率半径为 50.8 mm ± 0.08 mm。当集料公称最大粒径大于 26.5 mm 时，宜采用 ϕ152.4 mm × 95.3 mm 大型马歇尔试件，试验仪最大荷载不得小于 50 kN，读数准确至 0.1 kN。上下压头的曲率内径为 ϕ152.4 mm ± 0.2 mm，上下压头间距 19.05 mm ± 0.1 mm。

大型马歇尔试件的压头尺寸，如图 7.4 所示。

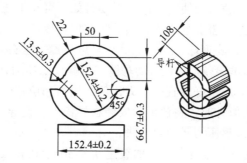

图 7.4　大型马歇尔试件的压头（尺寸单位：mm）

（2）恒温水槽：控温准确度为 1 ℃，深度不小于 150 mm。

（3）真空饱水容器：真空泵及真空干燥器。

（4）烘箱。

（5）天平：感量不大于 0.1 g。

（6）温度计：分度为 1 ℃。

（7）卡尺。

（8）其他：棉纱、黄油。

三、试验准备和试验步骤

1. 标准马歇尔试验方法

（1）试验准备：

① 按标准击实法成型马歇尔试件，标准马歇尔尺寸应符合直径 101.6 mm ± 0.2 mm、高

63.5 mm ± 1.3 mm 的要求。对大型马歇尔试件，尺寸应符合直径 152.4 mm ± 0.2 mm、高 95.3 mm ± 2.5 mm 的要求。一组试件的数量最少不得少于 4 个，并符合规定。

② 量测试件的直径及高度：用卡尺测量试件中部的直径，用马歇尔试件高度测定器或用卡尺在十字对称的 4 个方向量测离试件边缘 10 mm 处的高度，准确至 0.1 mm，并以其平均值作为试件的高度。如试件高度不符合 63.5 mm ± 1.3 mm 或 95.3 mm ± 2.5 mm 要求或两侧高度差大于 2 mm 时，此试件应作废。

③ 按本规程规定的方法测定试件的密度并计算空隙率、沥青体积百分率、沥青饱和度、矿料间隙率等体积指标。

④ 将恒温水槽调节至要求的试验温度，对黏稠石油沥青或烘箱养生过的乳化沥青混合料为 60 °C ± 1 °C，对煤沥青混合料为 33.8 °C ± 1 °C，对空气养生的乳化沥青或液体沥青混合料为 25 °C ± 1 °C。

（2）试验步骤：

① 将试件置于已达规定温度的水槽中保温，保温时间对标准马歇尔试件需 30 min ~ 40 min，对大型马歇尔试件需 45 min ~ 60 min。试件之间应有间隔，底下应垫起，距水槽底部不小于 5 cm。

② 将马歇尔试验仪的上下压头放入水槽或烘箱中达到同样温度。将上下压头从水槽或烘箱中取出，将其内面擦拭干净。为使上下压头滑动自如，可在下压头的导棒上涂少量黄油。再将试件取出置于下压头上，盖上上压头，然后装在加载设备上。

③ 在上压头的球座上放妥钢球，并对准荷载测定装置的压头。

④ 当采用自动马歇尔试验仪时，将自动马歇尔试验仪的压力传感器、位移传感器与计算机或 X-Y 记录仪正确连接，调整好适宜的放大比例，压力和位移传感器调零。

⑤ 当采用压力环和流值计时，将流值计安装在导棒上，使导向套管轻轻地压住上压头，同时将流值计读数调零。调整压力环中百分表，对零。

⑥ 启动加载设备，使试件承受荷载，加载速度为 50 mm/min ± 5 mm/min。计算机或 X-Y 记录仪自动记录传感器压力和试件变形曲线并将数据自动存入计算机。

⑦ 当试验荷载达到最大值的瞬间，取下流值计，同时读取压力环中百分表读数及流值计的流值读数。

⑧ 从恒温水槽中取出试件至测出最大荷载值的时间，不得超过 30 s。

2. 浸水马歇尔试验方法

浸水马歇尔试验方法与标准马歇尔试验方法的不同之处在于，试件在已达规定温度恒温水槽中的保温时间为 48 h，其余步骤均与标准马歇尔试验方法相同。

四、试验结果整理

1. 计　算

（1）试件的稳定度及流值。

① 当采用自动马歇尔试验仪时，将计算机采集的数据绘制成压力和试件变形曲线。

② 当采用压力环和流值计测定时，根据压力环标定曲线，将压力环中百分表的读数换算为荷载值，或者由荷载测定装置读取的最大值即为试样的稳定度（*MS*），以 kN 计，准确至 0.01 kN。由流值计及位移传感器测定装置读取的试件垂直变形，即为试件的流值（*FL*），以 mm 计，准确至 0.1 mm。

（2）试件的马歇尔模数按式（7.25）计算。

$$T = \frac{MS}{FL} \tag{7.25}$$

式中　*T*——试件的马歇尔模数（kN/mm）；

　　　MS——试件的稳定度（kN）；

　　　FL——试件的流值（mm）。

（3）试件的浸水残留稳定度按式（7.26）计算。

$$MS_0 = \frac{MS_1}{MS} \times 100 \tag{7.26}$$

式中　MS_0——试件的浸水残留稳定度（%）；

　　　MS_1——试件浸水 48 h 后的稳定度（kN）。

2．报　告

（1）当一组测定值中某个测定值与平均值之差大于标准差的 *k* 倍时，该测定值应予舍弃，并以其余测定值的平均值作为试验结果。当试件数目 *n* 为 3、4、5、6 个时，*k* 值分别为 1.15、1.46、1.67、1.82。

（2）当采用自动马歇尔试验时，试验结果应附上荷载-变形曲线原件或自动打印结果，并报告马歇尔稳定度、流值、马歇尔模数，以及试件尺寸、试件密度、空隙率、沥青用量、沥青体积百分率、沥青饱和度、矿料间隙率等各项物理指标。

五、试验记录

试验记录格式见表 7.5。

表 7.5　沥青混合料稳定度试验记录

试样编号			试样来源			
试样名称			初拟用途			
试样编号	稳定度/kN				流值 *FL*/mm	马歇尔模数 *T*/（kN/mm）	备注
	百分表读数	折算稳定度	修正系数 *k* /（kN/100 mm）	稳定度 *MS*/kN			

试验者_____　　组别_____　　成绩_____　　试验日期_____

137

试验四 沥青混合料中沥青含量试验（离心分离法）

（T 0722—1993）

一、试验目的及适用范围

（1）本方法采用离心分离法测定黏稠石油沥青拌制的沥青混合料中的沥青含量（或油石比）。

（2）本方法适用于热拌热铺沥青混合料路面施工时的沥青用量检测，以评定拌和厂产品质量。此法也适用于旧路调查时检测沥青混合料的沥青用量，用此法抽提的沥青溶液可用于回收沥青，以评定沥青的老化性质。

二、仪器设备

（1）离心抽提仪：由试样容器及转速不小于 3 000 r/min 的离心分离器组成，分离器备有滤液出口。容器盖与容器之间用耐油的圆环形滤纸密封。滤液通过滤纸排出后从出口流出收入回收瓶中，仪器必须安放稳固并有排风装置。

（2）圆环形滤纸。

（3）回收瓶：容量 1 700 mL 以上。

（4）压力过滤装置。

（5）天平：感量不大于 0.01 g、1 mg 的天平各 1 台。

（6）量筒：最小刻度 1 mL。

（7）电烘箱：装有温度自动调节器。

（8）三氯乙烯：工业用。

（9）碳酸铵饱和溶液：供燃烧法测定滤纸中的矿粉含量用。

（10）其他：小铲、金属盘、大烧杯等。

三、试验准备

（1）按沥青混合料取样方法，在拌和厂从运料卡车采取沥青混合料试样，放在金属盘中适当拌和，待温度稍下降至 100 ℃ 以下时，用大烧杯取混合料试样质量 1 000 g ~ 1 500 g（粗粒式沥青混合料用高限，细粒式用低限，中粒式用中限），准确至 0.1 g。

（2）如果试样是路上用钻机法或切割法取得的，应用电风扇吹风使其完全干燥，置微波炉或烘箱中适当加热后成松散状态取样，但不得用锤击，以防集料破碎。

四、试验步骤

（1）向装有试样的烧杯中注入三氯乙烯溶剂，将其浸没，记录溶液用量，浸泡 30 min，用玻璃棒适当搅动混合料，使沥青充分溶解。

（2）将混合料及溶液倒入离心分离器，用少量溶剂将烧杯及玻璃棒上的黏附物全部洗入分离容器中。

（3）称取洁净的圆环形滤纸质量，准确至 0.01 g。注意，滤纸不宜多次反复使用，有破损者不能使用，有石粉黏附时应用毛刷清除干净。

（4）将滤纸垫在分离器边缘上，加盖紧固，在分离器出口处放上回收瓶，上口应注意密封，防止流出液成雾状散失。

（5）开动离心机，转速逐渐增至 3 000 r/min，沥青溶液通过排出口注入回收瓶中，待流出停止后停机。

（6）从上盖的孔中加入新溶剂，数量大体相同，稍停 3 min～5 min 后，重复上述操作，如此数次直到流出的抽提液成清澈的淡黄色为止。

（7）卸下上盖，取下圆环形滤纸，在通风橱或室内空气中蒸发干燥，然后放入 105 ℃±5 ℃的烘箱中干燥，称取质量，其增量部分（m_2）为矿粉的一部分。

（8）将容器中的集料仔细取出，在通风橱或室内空气中蒸发后放入 105 ℃±5 ℃烘箱中烘干（一般需 4 h），然后放入大干燥器中冷却至室温，称取集料质量（m_1）。

（9）用压力过滤器过滤回收瓶中的沥青溶液，由滤纸的增量（m_3）得出泄漏入滤液中的矿粉，如无压力过滤器时，也可用燃烧法测定。

（10）用燃烧法测定抽提液中矿粉质量的步骤如下：

① 将回收瓶中的抽提液倒入量筒中，准确定量至 mL（V_a）。

② 充分搅匀抽提液，取出 10 mL（V_b）放入坩埚中，在热浴上适当加热使溶液试样呈暗黑色后，置高温炉（500 ℃～600 ℃）中烧成残渣，取出坩埚冷却。

③ 向坩埚中按每 1 g 残渣 5 mL 的用量比例，注入碳酸铵饱和溶液，静置 1 h，放入 105 ℃±5 ℃炉箱中干燥。

④ 取出放在干燥器中冷却，称取残渣质量（m_4），准确至 1 mg。

五、试验结果整理

（1）沥青混合料中矿料的总质量按式（7.27）计算。

$$m_a = m_1 + m_2 + m_3 \tag{7.27}$$

式中　m_a——沥青混合料中矿料部分的总质量（g）；

　　　m_1——容器中留下的集料干燥质量（g）；

　　　m_2——圆环形滤纸在试验前后的增量（g）；

m_3——泄漏入抽提液中的矿粉质量（g）。

用燃烧法时 m_3 可按式（7.28）计算。

$$m_3 = m_4 \times \frac{V_a}{V_b}$$（7.28）

式中　V_a——抽提液的总量（mL）；

　　　V_b——取出的燃烧干燥的抽提液数量（mL）；

　　　m_4——坩埚中燃烧干燥的残渣质量（g）。

（2）沥青混合料中的沥青含量按式（7.29）计算，油石比按式（7.30）计算。

$$P_b = \frac{m - m_a}{m}$$（7.29）

$$P_a = \frac{m - m_a}{m_a}$$（7.30）

式中　m——沥青混合料的总质量（g）；

　　　P_b——沥青混合料的沥青含量（%）；

　　　P_a——沥青混合料的油石比（%）。

六、试验记录

同一沥青混合料试样至少平行试验 2 次，取平均值作为试验结果。2 次试验结果的差值应小于 0.3%，当大于 0.3% 但小于 0.5% 时，应补充平行试验 1 次，以 3 次试验的平均值作为试验结果，3 次试验的最大值与最小值之差不得大于 0.5%。

试验记录见表 7.6、表 7.7。

表 7.6　用压力过滤器过滤回收瓶中沥青溶液试验记录

试样名称		沥青混合料总质量 m/g	
洁净滤纸质量/g		干燥后滤纸质量/g	
滤纸增量 m_1/g		干燥后集料质量 m_2/g	
滤纸液中矿粉 m_3/g		矿粉总质量 $m_a = m_1 + m_2 + m_3$/g	
沥青含量 P_b/%	$P_b = \dfrac{m - m_a}{m}$		
油石比 P_a/%	$P_b = \dfrac{m - m_a}{m_a}$		

试验者＿＿＿＿＿　　　组别＿＿＿＿＿　　　成绩＿＿＿＿＿　　　试验日期＿＿＿＿＿

表 7.7 用燃烧法测定抽提液中矿粉质量试验记录

试样名称		沥青混合料总质量 m/g	
洁净滤纸质量/g		干燥后滤纸质量/g	
滤纸增量 m_1/g		干燥后集料质量 m_2/g	
抽提液总量 V_a/mL		取出抽提液数量 V_b/mL	
残渣质量 m_4/g		抽提液中矿粉质量 $m_3 = m_4 \cdot (V_a/V_b)$ /g	
矿料总质量 $m_a = m_1 + m_2 + m_3$ /g			
沥青含量 P_b/%	$P_b = \dfrac{m - m_a}{m}$		
油石比 P_a/%	$P_b = \dfrac{m - m_a}{m_a}$		

试验者_____ 组别_____ 成绩_____ 试验日期_____

试验五 沥青混合料车辙试验

（T 0719—2011）

一、试验目的及适用范围

（1）本试验适用于测定沥青混合料的高温抗车辙能力，供沥青混合料配合比设计的高温稳定性检验使用，也可用于现场沥青混合料的高温稳定性检验。

（2）车辙试验的试验温度与轮压（试验轮与试件的接触压强）可根据有关规定和需要选用，非经注明，试验温度为 60 ℃，轮压为 0.7 MPa。根据需要，如在寒冷地区也可采用 45 ℃，在高温条件下采用 70 ℃ 等，对重载交通的轮压可增加至 1.4 MPa，但应在报告中注明。计算动稳定度的时间原则上为试验开始后 45 min ~ 60 min。

（3）本方法适用于用轮碾成型机碾压成型的长 300 mm、宽 300 mm、厚 50 mm ~ 100mm 的板块状试件。根据工程需要也可采用其他尺寸的试件。本方法也适用于现场切割板块状试件，切割的尺寸根据现场层面的实际情况由试验确定。

二、仪器设备

（1）车辙试验机：如图 7.5 所示，主要由下列部分组成。

① 试件台：可牢固地安装两种宽度（300 mm 及 150 mm）的规定尺寸试件的试模。

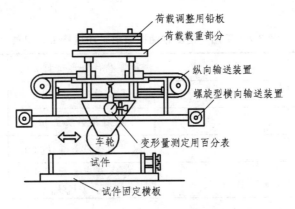

图 7.5　车辙试验机结构示意图

② 试验轮：橡胶制的实心轮胎，外径 ϕ200 mm，轮宽 50 mm，橡胶层厚 15 mm。橡胶硬度（国际标准硬度）20 ℃ 时为 84±4，60 ℃ 时为 78±2。试验轮行走距离为 230 mm±10 mm，往返碾压速度为 42 次/min±1 次/mm（21 次往返/min）。允许采用曲柄连杆驱动加载轮往返运行方式。

注：轮胎橡胶硬度应注意检验，不符合要求者应及时更换。

③ 加载装置：通常情况下试验轮与试件的接触压强在 60 ℃ 时为 0.7 MPa±0.05 MPa，施加的总荷重为 780 N 左右，根据需要可以调整接触压强大小。

④ 试模：钢板制成，由底板及侧板组成，试模内侧尺寸长为 300 mm，宽为 300 mm，厚为 50 mm～100 mm，也可根据需要对厚度进行调整。

⑤ 试件变形测量装置：自动采集车辙变形并记录曲线的装置，通常用位移传感器 LVDT 或非接触位移计。位移测量范围 0～130 mm，精度±0.01 mm。

⑥ 温度检测装置：自动检测并记录表面及恒温室内温度的温度传感器，精密度±0.5 ℃。温度应能自动连续记录。

（2）恒温室：恒温室应具有足够的空间。车辙试验机必须整机安放在恒温室内，装有加热器、气流循环装置及装有自动温度控制设备，同时恒温室还应有至少能保温 3 块试件并进行试验的条件。保持恒温室温度 60 ℃±1 ℃（试件内部温度 60 ℃±0.5 ℃），根据需要也可采用其他试验温度。

（3）台秤：称量 15 kg，感量不大于 5 g。

三、试验准备

（1）试验轮接地压强测定：测定在 60 ℃ 时进行，在试验台上放置一块 50 mm 厚的钢板，其上铺一张毫米方格纸，上铺一张新写的复写纸，以规定的 700 N 荷载后试验轮静压复写纸，即可在方格纸上得出轮压面积，并由此求得接地压强。当压强不符合 0.7 MPa±0.05 MPa 时，荷载应予以适当调整。

（2）用轮碾成型法制作车辙试验试块。在试验室或工地制备成型的车辙试件，板块状试

142

件尺寸为长 300 mm × 宽 300 mm × 厚 50 mm ~ 100 mm（厚度根据需要确定）。也可从路面切割得到试件。

当直接在拌和厂取拌和好的沥青混合料样品制作车辙试验试件检验生产配合比设计或混合料生产质量时，必须将混合料装入保温桶中，在温度下降至成型温度之前迅速送达试验室制作试件；如果温度稍有不足，可放在烘箱中稍加热（时间不超过 30 min）后成型。但不得将混合料放冷却后二次加热重塑制作试件。重塑制作的试验结果仅供参考，不得用于评定配合比设计检验是否合格的标准。

（3）如需要，将试件脱模按规程规定的方法测定密度及空隙率等各项物理指标。

（4）在试件成型后，连同试模一起在常温条件下放置的时间不得少于 12 h。对聚合物改性沥青混合料，放置的时间以 48 h 为宜，使聚合物改性沥青充分固化后方可进行车辙试验，室温放置时间不得长于 1 周。

四、试验步骤

（1）将试件连同试模一起，置于已达到试验温度 60 °C ± 1 °C 的恒温室中，保温不少于 5 h，也不得多于 12 h。在试件的试验轮不行走的部位上，粘贴一个热电偶温度计（也可在试件制作时预先将热电偶导线埋入试件一角），控制试件温度稳定在 60 °C ± 0.5 °C。

（2）将试件连同试模移置于车辙试验机的试验台上，试验轮在试件的中央部位，其行走方向须与试件的碾压或行车方向一致。开动车辙变形自动记录仪，然后启动试验机，使试验轮往返行走，时间约 1 h，或当最大变形达到 25 mm 时为止。在试验时，记录仪自动记录变形曲线（图 7.6）及试件温度。

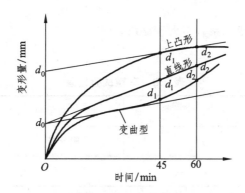

图 7.6　车辙试验自动记录的变形曲线

注：对试验变形较小的试件，也可对一块试件在两侧 1/3 位置上进行两次试验，然后取其平均值。

五、计　算

（1）从图 7.6 上取 45 min（t_1）及 60 min（t_2）时的车辙变形 d_1 及 d_2，准确至 0.01 mm。

当变形过大，在未到 60 min 变形已达 25 mm 时，则以达到 25 mm（d_2）时的时间为 t_2，将其前 15 min 为 t_1，此时的变形量为 d_1。

（2）沥青混合料试件的动稳定度按式（7.31）计算。

$$DS = \frac{(t_2 - t_1) \times N}{d_2 - d_1} \times C_1 \times C_2 \qquad (7.31)$$

式中　DS——沥青混合料的动稳定度（次/min）；

　　　d_1——对应于时间 t_1 的变形量（mm）；

　　　d_2——对应于时间 t_2 的变形量（mm）；

　　　C_1——试验机类型修正系数，曲柄连杆驱动加载轮往返运行方式为 1.0；

　　　C_2——试件系数，试验室制备宽为 300 mm 的试件系数为 1.0；

　　　N——试验轮往返碾压速度，通常为 42 次/min。

六、报　告

（1）同一沥青混合料或同一路段的路面，至少平行试验 3 个试件，当 3 个试件动稳定度变异系数不大于 20% 时，取其平均值作为试验结果。当变异系数大于 20% 时应分析原因，并追加试验。如计算动稳定度值大于 6 000 次/mm 时，记为：> 6 000 次/mm。

（2）试验报告应注明试验温度、试验接地压强、试件密度、空隙率及试件制作方法等。

七、精密度或允许差

重复性试验动稳定度变异系数不大于 20%。

试验记录见表 7.8。

表 7.8　车辙试验记录

试样名称				试验温度				
试验接地压强				制作方法				
试件密度				空隙率				
试验次数	$t_{1\min}$	$d_{1\min}$	$t_{2\min}$	$d_{2\min}$	试验轮往返碾压次数 /（次/min）	C_1	C_2	动稳定度 DS /（次/mm）

试验者_____　　组别_____　　成绩_____　　试验日期_____

第八章
建筑钢材试验

试验一　钢筋的拉伸试验

（GB/T 228.1—2010　GB 1499.1—2008　GB 1499.2—2007）

一、试验目的

抗拉强度是钢筋的基本力学性质。为了测定钢筋的抗拉强度，将标准试样放在压力机上，逐渐加一个缓慢的拉力荷载，观察由于这个荷载的作用所产生的弹性和塑性变形，直至试样拉断为止，即可求得钢筋的屈服强度、抗拉强度、伸长率等指标。拉伸试验是评定钢筋质量是否合格的试验项目之一。

二、试验仪具

（1）万能材料试验机。

（2）游标卡尺。

（3）钢筋标距打点仪。

三、试验方法

（1）准备试样。

① 在每批钢筋中任取两根，在距钢筋端部 50 cm 处各取一根试样。

② 在试验前，先将材料制成一定形状的标准试样，如图 8.1 所示。试样一般应不经切削加工。受拉力机吨位的限制，直径为 22 mm ~ 40 mm 的钢筋可进行切削加工，制成直径（标距部分直径 d_0）为 20 mm 的标准试样。试样长度：拉伸试样分短试件为 $5d_0 + 200$ mm，或长试件为 $10d_0 + 200$ mm。直径 $d_0 = 10$ mm 的试样，其标距长度 $l_0 = 200$ mm（长试样，δ_{10}）或 100 mm（短试样，δ_5）；标距部分到头部的过渡必须缓和，其圆弧尺寸 R 最小为 5 mm；$l = 230$ mm（长试样）或 130 mm（短试样）；$h = 50 \sim 70$ mm。

③ 标距部分直径 d_0 的允许偏差为不大于 ± 0.2 mm；标距部分长度 l_0 的允许偏差为不大于 ± 0.1 mm；试样标距长度内最大直径与最小直径的允许偏差为 0.05 mm。

（2）根据试样的横截面面积确定试样的标距长度。然后在标距的两端用不深的冲眼刻画出标志，并按试样标距长度，每隔 5 mm ~ 10 mm 作一分格标志，以便计算试样的伸长率时用。

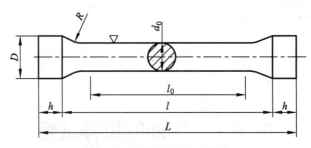

图 8.1　拉伸试验标准试件

（3）确定未经车削的试样截面面积 A_0（mm^2）。应按式（8.1）求得：

$$A_0 = \frac{1\,000\,Q}{7.85\,l} \tag{8.1}$$

式中　Q——钢筋的质量（g）；

　　　l——钢筋的长度（mm）。

（4）将试样安置在万能试验机的夹头中，试样应对夹头的中心，试样轴线应绝对垂直，然后进行拉伸试验，测定试样的屈服点（有明显屈服现象的材料）、屈服强度（没有明显屈服现象的材料）、抗拉强度和伸长率。

① 屈服点的测定。

a. 当测定屈服点时，在向试样连续而均匀地施加负荷的过程中，在液压式试验机上，当负荷指示器上的指针停止转动或开始回转（在杠杆式试验机上，杠杆平衡或开始明显下落）时，最大或最小负荷读数，即为屈服负荷 F_s 值。

b. 屈服点也可以从试验机自动记录的负荷-伸长曲线上确定。屈服负荷系位于曲线上的一点，该点相当于负荷不变而试验继续伸长时的平台（图 8.2（a）），或负荷开始下降而试样继续伸长的最高或最低点（图 8.2（b）），但此时曲线图纵坐标每 1 mm 长度所代表的应力不得大于 10 MPa。

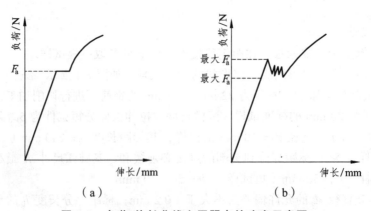

（a）　　　　　　　　　　　（b）

图 8.2　负荷-伸长曲线上屈服点的确定示意图

② 屈服强度的测定。

对拉伸曲线无明显屈服现象的材料（图 8.3）必须测定其屈服强度。

屈服强度 $f_{y\,0.2}$——试样在拉伸过程中标距部分残余伸长达到原标距长的 0.2% 时的应力。

屈服强度可用图解法或引伸法测定。

a. 图解法。

● 将制备好的试样安装于夹头中，试样标距部分不得夹入钳口中，试样被夹长部分不小于钳口的 2/3。

● 试样被夹紧后，把自动绘图装置或电子引伸计调整好，处于工作状态；然后向试样连续均匀而无冲击地施加荷载，此时自动记录装置或电子引伸计绘出拉伸曲线。达到规定的要求停止试验，卸去试样，关闭机器。

● 在自动记录装置（配合电子引伸计）绘出的或根据在荷载下活动夹头移动距离或根据从测力度盘与示值引伸计读得的荷载与伸长值而绘出的拉伸曲线图 8.4 上，自初始弹性直线段与横坐标轴的交点 O 起截取一等于规定残余伸长的距离 OD，再从 D 点作平行于弹性直线段的 DB 线交拉伸曲线于 B 点，对应于此点的荷载即为所求规定残余伸长应力荷载 $F_{0.2}$。此时对于上述两种曲线应分别在引伸计基础长度 l_0 及试件平行长度 l 上求得规定残余伸长。前一种曲线的伸长放大倍数应不低于 50 倍，后者的夹头位移放大倍数可适当放低。而荷载坐标轴每毫米所代表的应力不大于 10 MPa。

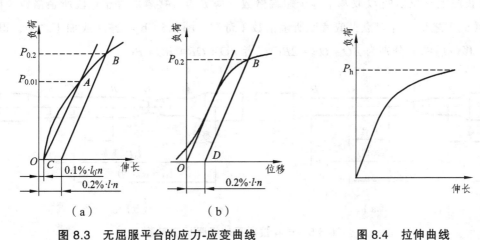

图 8.3　无屈服平台的应力-应变曲线　　　图 8.4　拉伸曲线

b. 引伸计法。

将试样固定在夹头内，施加约相当于屈服强度 10% 的初负荷 F_0，安装引伸计。继续施荷至 $2F_0$；保持 $5\,s \sim 10\,s$ 后再卸荷至 F_0，记下引伸计读数作为条件零点。以后按如下两种方法往复加、卸荷（卸荷至 F_0）或连续施荷，直至实测或计算的残余伸长等于或大于规定残余伸长为止。

- 卸荷法：从 F_0 起第一次负荷加至使试样在引伸计基础长度内的部分所产生的总伸长 $0.2\% \cdot l_e \cdot n = (1 \sim 2)$ 分格。式中第一项为规定残余伸长，第二项为弹性伸长。在引伸计上读出首次卸荷至 F_0 时的残余伸长，以后每次加荷应使试样产生的总伸长为：前一次总伸长加上规定残余伸长与该次残余伸长（卸荷至 F_0）之差，再加上 $1 \sim 2$ 分格的弹性伸长增量。

- 直接加荷法：从 F_0 起按测定 f_{y0} 所述方法逐级施荷，求出弹性直线段相应于小等级负荷的平均伸长增量，由此计算出偏离直线段后的各级负荷的弹性伸长。从总伸长减去弹性伸长即为残余伸长。

③ 抗拉强度的测定。

a. 将试样安置在拉力机上，连续施加负荷到拉断为止，此时从负荷指示器上读出的最大负荷即为抗拉强度的负荷 F_b。

b. 试样拉断后标距长度 l_1 测量，将试样拉断后的两段在拉断处紧密对接起来，尽量使其轴线位于一条直线上。如接断处由于各种原因形成缝隙，则此缝隙应计入试样拉断后的标距部分长度内。l_1 用下述方法之一测定。

- 直测法：如拉断处到邻近标距端点的距离大于 $(1/3)\,l_0$ 时，可直接测量两端点间的距离。

- 移位法：如拉断处到邻近标距端点的距离小于或等于 $(1/3)\,l_0$ 时，则可按下法确定 l_1。

在长段上从拉断处 O 取基本等于短端格数，得 B 点，接着取等于长段所余格数（偶数，图 8.5（a））之半，得 C 点；或者取所余格数（奇数，图 8.5（b））减 1 或加 1 之半，得 C 或 C_1 点，移位后的 l_1 分别为 $AO + OB + 2BC$ 或者 $AO + OB + BC + BC_1$。

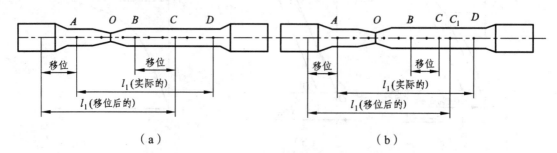

（a）　　　　　　　　　　　　　　（b）

图 8.5　试样拉断后的标距长度测量

④ 如试样裂断处与其头部（或夹头处）的距离等于或小于试样直径的两倍，则试验无效。

四、试验结果计算

屈服点：　　　$f_y = \dfrac{F_s}{A_0}$　　　　　　　　　　　　　　　　（8.2）

式中 F_s——相当于所求应力的负荷（N）；

A_0——试样的原横截面面积（mm^2）；

f_y——屈服强度（MPa），计算精确度应达 1 MPa。

硬钢和线材的屈服点：

$$f_{y(0.2)} = \frac{F_{0.2}}{A_0}$$

(8.3)

式中 $F_{0.2}$——相当于所求应力的负荷（N）；

A_0——试样的原横截面面积（mm^2）；

$f_{y(0.2)}$——硬钢和线材的屈服点（MPa），计算精度与 f_y 相同。

抗拉强度： $f_u = \frac{F_b}{A_0}$

(8.4)

式中 F_b——试样拉断前的最大负荷（N）；

A_0——试样的原横截面面积（mm^2）；

f_u——试样的抗拉强度（MPa），计算精度与 f_y 相同。

伸长率： $\delta_n = \frac{l_1 - l_0}{l_0} \times 100$

(8.5)

式中 l_1——试样拉断后标距部分的长度（mm）；

l_0——试样的原标距长度（mm）；

n——长试样及短试样的标志，长试样 $n = 10$，伸长率为 δ_5；

δ_n——试样的伸长率，计算精度应达 0.5%。

五、试验结果评定

钢筋做拉伸试验的两根试样中，如其中一根试样的屈服强度、抗拉强度、伸长率三个指标中，有一个指标不符合规定要求的，即为拉力试验不合格。应再取双倍数量的试样重新测定三个指标。在第二次拉伸试验中，如仍有一个指标不符合规定，不论这个指标在第一次试验中是否合格，拉力试验项目也作为不合格，该批钢筋即为不合格品。

六、试验记录

钢筋拉伸试验记录见表 8.1 所列。

表 8.1　钢筋拉伸及冷弯试验记录

项目 名称				材料 产地			进场 日期	
使用 范围		代表 数量		试验 规程 编号			试验 日期	
编号 钢筋 牌号 (炉批号)	公称 直径 /mm	公称 截面 面积 /mm²	强度试验				塑性试验			冷弯试验			
			屈服 荷载 /kN	屈服 强度 /MPa	极限 荷载 /kN	极限 强度 /MPa	原始 标距 /mm	断后 标距 /mm	伸长 率 /%	弯曲 角度 / (°)	弯心 直径 /mm	弯曲支 座距离 /mm	结论
检验 结论							试验 单位						

试验者＿＿＿＿＿＿＿　　　组别＿＿＿＿＿＿　　　成绩＿＿＿＿＿＿　　　试验日期＿＿＿＿＿＿

试验二　钢筋的冷弯试验

（GB/T 232—2010）

一、试验目的

钢筋在冷的状态下进行冷弯试验，以表示其承受弯曲成要求角度及形状的能力。本试验法是以试件环绕心弯曲至规定角度，观察其是否有裂纹、起层或断裂等情况。

二、试件仪具

万能机：附有冷弯支座和弯心，支座和弯心顶端圆柱应有一定的硬度，以免受压变形。也可采用特制冷弯试验机。

三、试验制备

（1）直径为 d 的圆钢，边长为 a 的方钢，或宽度小于 100 mm、厚度为 a 的钢板，试件长度 $L = 5a + 150$ mm，宽度为 $b = 2a$，并且 b 不小于 10 mm。

（2）其他制品及材料厚度大于 30 mm 者，按技术条件特别规定。

（3）试件可由试样两端或端部截取，切割线与试件实际边距离不小于 10 mm。试样中间 1/3 范围内不准有凿冲等工具刻痕或压痕。

（4）试件应在常温下切割，可用车床、铣床或锯进行加工，但加工时应防止高热，棱边必须锉圆（圆的半径不小于 2 mm）。

（5）当必须采用有弯曲试样时，应用均匀压力使其压平。

四、试验方法

（1）在试验前，测量试样尺寸是否合格。

（2）选择适当的弯心直径 D，按图 8.6 所示装置，支座的净距为 $L = (D + 3a) \pm 0.5a$。

（3）上升支座使弯心与试样接触平行，而后均匀加压直至规定的角度，如图 8.7 所示。

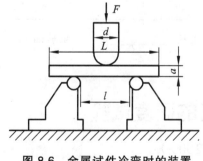

图 8.6　金属试件冷弯时的装置

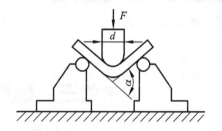

图 8.7　冷弯试验（弯曲至规定角度）

（4）如要弯成两臂平行，可一次绕弯心弯成，也可用衬垫如图 8.8（a）所示进行试验。

（5）如须压成两臂接触，可先弯成两臂平行，而后取出改放在压力机上压至试件两面两臂接触为止，如图 8.8（b）所示。

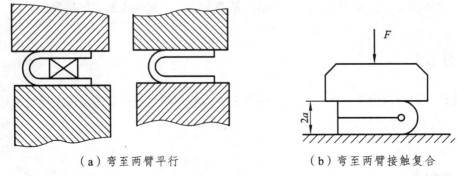

| （a）弯至两臂平行 | （b）弯至两臂接触复合 |

图 8.8　冷弯试验

（6）压至规定条件后，检查试件弯曲处外部有无裂纹、起层分化或断裂等情况。

五、试验记录

建筑钢材冷弯试验记录格式参见表 8.2。

表 8.2　建筑钢材冷弯试验记录

试样编号				试样来源			
试样名称				拟作用途			
试验次数	试件尺寸/mm			弯心直径 D/mm	跨度 L/mm	弯折角度 α/（°）	试验结果
	宽 b	厚 a	长 L				
1							
2							
3							

试验者＿＿＿＿＿＿　　　组别＿＿＿＿＿＿　　　成绩＿＿＿＿＿＿　　　试验日期＿＿＿＿＿＿

试验三　建筑钢材的硬度试验

（GB/T 230.1—2009）

一、试验目的

钢材的硬度是钢材抵抗其他材料构成的压陷器压入其表面的能力。硬度试验因为操作简便，同时硬度与其他力学性能之间存在着一定的关系，根据硬度值可以判定钢材的其他力学性能，所以它是广泛被采用间接来检验钢材力学性能的一种试验方法。

二、试验仪具

1. 布氏硬度试验法

（1）布氏硬度试验机：结构如图8.9所示。

（2）钢球：试验用钢球应符合下列要求。

① 钢球应用淬火硬钢制成，其硬度值应不低于维氏硬度HV850。

② 钢球直径为2.5 mm、5.0 mm或10.0 mm。

③ 钢球直径为2.5 mm和5.0 mm的，其允许偏差应不超过 ± 0.005 mm；直径为10.0 mm的，其允许偏差应不超过 ± 0.010 mm；如试验后钢球因残余变形超过上述偏差，则应更换，而相应的试验结果无效。

（3）试件：试件表面应制成光滑平面，以便压痕边缘足够清晰而保证测量压痕直径的准确性；试件表面无氧化皮或其他外来污物。当制作试件时，不应使试件表面因受热或加工硬化而改变其硬度。

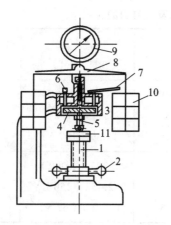

图8.9 布氏硬度试验机结构示意图

1—支持台螺杆；2—手轮；3—工作油缸；4—工作活塞；5—压缩器；6—油门；7—唧油筒手柄；8—测力活塞十字头；9—压力表；10—砝码；11—试件

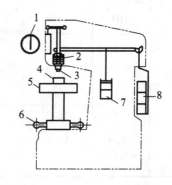

图8.10 洛氏硬度试验机结构示意图

1—指示器；2—弹簧；3—压陷器；4—试件；5—支持台；6—手轮；7—缓冲油壶；8—重铊

2. 洛氏硬度试验法

（1）洛氏硬度试验机：结构示意如图8.10所示。

（2）试件：试件应符合下列要求。

① 试件试验面必须精细制备使其平坦，不带有油脂、氧化皮、裂缝、显著加工痕迹、凹

坑及外来污物。试件表面加工时避免因受热或冷加工改变金属的性能。

② 对于弯曲面的试件，其曲率半径不得小于 15 mm。如半径为 5 mm ~ 15 mm，则测得硬度值须加以修正。

③ 试件表面层最小厚度不小于卸除主负荷后压头压入深度的 8 倍。

三、试验方法

1. 布氏硬度法

（1）试验应在 10 ℃ ~ 30 ℃ 温度下进行。

（2）根据试件的硬度、厚度选用钢球直径和试验力，见表 8.3。

（3）将试件放在支撑台上，加初负荷使试件与钢球互相接触，必须使所施加作用力与试验平面垂直，平稳均匀地施加负荷，不得受到冲击和振动，按规定时间保持负荷。

（4）卸下负荷，用显微镜测量压痕直径，从相互垂直方向各测 1 次（或从直读式硬度机上读出压痕直径），用钢球直径为 10 mm、5 mm 或 2.5 mm 时，压痕直径测量分别精确到 0.02 mm、0.02 mm 和 0.01 mm。压痕两直径之差应不超过较小直径的 2%，但对显著各向导性材料则不受此限，按有关技术条件规定执行。

表 8.3　试件硬度、厚度与钢球及试验力的关系

金属种类	硬度范围 /HB	试件厚度 h/mm	试验力 F 与钢球直径 D 的关系	钢球直径 d/mm	试验力 F /kN（kgf）	负荷保持时间 t/s
黑色金属	140 ~ 450	3 ~ 6	$F = 30D^2$	10	28.42（3 000）	10
		2 ~ 4		5	7.355（750）	
		<2		2.5	1.839（187.5）	
	<140	>6	$F = 10D^2$	10	9.807（1 000）	10
		3 ~ 6		5	2.452（250）	
		<3		2.5	0.612 9（62.5）	

（5）试验后压痕直径的大小应在 0.25D ~ 0.6D 范围内，否则试验结果无效，另行选择相应的负荷重新试验。

（6）当试验后试件边缘及背面呈现变形痕迹时，试验无效，另选择直径较小的钢球及相应负荷重新试验。

（7）压痕中心距试件边缘应不小于压痕直径的 2.5 倍，两压痕中心间距不小于压痕直径的 2.5 倍，试验布氏硬度 HB 小于 35 的金属，上述距离分别为压痕直径的 3 倍和 6 倍。

（8）布氏硬度值 HB 可根据压痕直径计算。当 HB≥100 时，硬度值取整数；当 HB = 10 ~ 100 时，计算到小数 1 位；当 HB <10 时，计算到小数 2 位。

2. 洛氏硬度法

（1）试验在 10 ℃ ~ 30 ℃ 温度下进行。

（2）根据试件的硬度，选用试验条件，见表 8.4。

表 8.4　试件硬度与试验条件

洛氏硬度标尺	采用压头	初始试验力 F_0/N	主试验力 F_1/N	总试验力 F/N	洛氏硬度范围
HRA	金刚石圆锥	98.07	490.3	588.4	20 ~ 88
HRB	1.588 钢球	98.07	882.6	980.7	20 ~ 100
HRC	金刚石圆锥	98.07	1 373	1 470	20 ~ 70

（3）试件的试验面、支撑面、试台表面和压头表面应清洁。试件应稳固地放置在试台上，以保证在试验过程中不产生位移及变形。

（4）在任何情况下，不允许压头与试台及支座触碰；试件支撑面、支座和试台工作面上均不得有压痕。

（5）在试验时，必须保证试验力方向与试件的试验面垂直。

（6）在试验过程中，试验装置不应受到冲击和振动。

（7）在施加初始试验力时，指针或指示线不得超过硬度计规定范围，否则应卸除初始试验力，在试件另一位置试验。

（8）调整示值指示器至零点后，应在 2 s ~ 8 s 内施加全部主试验力。

（9）应均匀平稳地施加试验力，不得有冲击及振动。

（10）在施加主试验力后，总试验力的保持时间应以示值指示器指示基本不变为准。总试验力保持时间推荐如下：

① 对于施加主试验力后不随时间继续变形的试件，保持时间为 1 s ~ 3 s。

② 对于施加主试验力后随时间缓慢变形的试件，保持时间为 6 s ~ 8 s。

③ 对于施加主试验力后随时间明显变形的试件，保持时间为 20 s ~ 25 s。

（11）达到要求的保持时间后，在 2 s 内平稳地卸除主试验力，保持初始试验力，从相应的标尺刻度上读出硬度值。

（12）两相邻压痕中心间距离至少应为压痕直径的 4 倍，但不得小于 2 mm。任一压痕中心距试样边缘距离至少应为压痕直径的 2.5 倍，但不得小于 1 mm。

（13）在每个试件上的试验点数应不少于四点（第一点不记）。对大批量试件的检验，点数可适当减少。

硬度试验记录见表 8.5。

表 8.5 硬度试验记录

见证单位					试件名称			
见 证 人					试验项目			
试样产地					代表批量			
检验依据					标准值(HRA)			

试样编号	试验值（HRA）			平均值（HRA）	试样编号	试验值（HRA）			平均值（HRA）
	1	2	3			1	2	3	
1					23				
2					24				
3					25				
4					26				
5					27				
6					28				
7					29				
8					30				
9					31				
10					32				
11					33				
17					39				
18					40				
19					41				
20					42				
21					43				
结论					备注				

试验者_____   组别_____   成绩_____   试验日期_____

156

第九章
路基路面现场试验

试验一　路面厚度测试试验

（JTG E60—2008）

一、试验目的及适用范围

本方法适用于路面各层施工过程中的厚度检验及工程交工验收检查使用。

二、仪具与材料

本方法根据需要选用下列仪具和材料：

（1）挖坑用镐、铲、凿子、锤子、小铲、毛刷。

（2）路面取芯样钻机及钻头、冷却水。钻头的标准直径为$\phi100$ mm，如芯样仅供测量厚度，不作其他试验时，对沥青面层与水泥混凝土板也可用直径$\phi50$ mm 的钻头，对基层材料有可能损坏试件时，也可用直径$\phi150$ mm 的钻头，但钻孔深度均必须达到层厚。

（3）量尺：钢板尺、钢卷尺、卡尺。

（4）补坑材料：与检查层位的材料相同。

（5）补坑用具：夯、热夯、水等。

（6）其他：搪瓷盘、棉纱等。

三、方法与步骤

（1）基层或砂石路面的厚度可用挖坑法测定，沥青面层及水泥混凝土路面板的厚度应用钻孔法测定。

（2）用挖坑法测定厚度应按下列步骤执行：

① 根据现行相关规范的要求，按 JTG E60—2008 附录 A 的方法，随机取样决定挖坑检查的位置，如为旧路，该点有坑洞等显著缺陷或接缝时，可在其旁边检测。

② 在选择试验地点，选一块 40 cm × 40 cm 的平坦表面作为试验地点，用毛刷将其清扫干净。

③ 根据材料坚硬程度，选择镐、铲、凿子等适当的工具，开挖这一层材料，直至层位底面。在便于开挖的前提下，开挖面积应尽量缩小，坑洞大小呈圆形，边开挖边将材料铲出，置搪瓷盘中。

④ 用毛刷将坑底清扫，确认为下一层的顶面。

⑤ 将钢板尺平放横跨于坑的两边，用另一把钢尺或卡尺等量具在坑的中部位置垂直伸至坑底，测量坑底至钢板尺的距离，即为检查层的厚度，以 mm 计，准确至 1 mm。

（3）用钻孔取芯样法测定厚度应按下列步骤执行：

① 根据现行相关规范的要求，按 JTG E60—2008 附录 A 的方法，随机取样决定钻孔检查的位置，如为旧路，该点有坑洞等显著缺陷或接缝时，可在其旁边检测。

② 按 JTG E60—2008 中现场取样方法用路面取芯钻机钻孔，芯样的直径应符合本方法第 2 条的要求，钻孔深度必须达到层厚。

③ 仔细取出芯样，清除底面灰土，找出与下层的分界面。

④ 用钢板尺或卡尺沿圆周对称的十字方向四处量取表面至上下层界面的高度，取其平均值，即为该层的厚度，准确至 1 mm。

（4）在沥青路面施工过程中，当沥青混合料尚未冷却时，可根据需要随机选择测点，用大螺丝刀插入至沥青层底面深度后用尺读数，量取沥青层的厚度，以 mm 计，准确至 1 mm。

（5）按下列步骤用与取样层相同的材料填补挖坑或钻孔：

① 适当清理坑中残留物，钻孔时留下的积水应用棉纱吸干。

② 对无机结合料稳定层及水泥混凝土路面板，应按相同配合比用新拌的材料分层填补并用小锤压实，水泥混凝土中宜掺加少量快凝早强外掺剂。

③ 对无结合料粒料基层，可用挖坑时取出的材料，适当加水拌和后分层填补，并用小锤压实。

④ 对正在施工的沥青路面，用相同级配的热拌沥青混合料分层填补，并用加热的铁锤或热夯压实，旧路钻孔也可用乳化沥青混合料修补。

⑤ 所有补坑结束时，宜比原面层略鼓出少许，用重锤或压路机压实平整。

注：补坑工序如有疏忽、遗留或补得不好，易成为隐患而导致开裂，所有挖坑、钻孔均应仔细做好。

四、计 算

（1）按下式计算实测厚度 T_{1i} 与设计厚度 T_{0i} 之差。

$$\Delta T_i = T_{1i} - T_{0i} \tag{9.1}$$

式中 T_{1i}——路面的实测厚度（mm）；

T_{0i}——路面的设计厚度（mm）；

ΔT_i——路面实测厚度与设计厚度的差值（mm）。

（2）当为检查路面总厚度时，则将各层平均厚度相加即为路面总厚度。按 JTG E60—2008 附录 B 的方法，计算一个评定路段检测厚度的平均值、标准差、变异系数，并计算代表厚度。

五、报　告

路面厚度检测报告应列表填写，并记录与设计厚度之差，不足设计厚度为负，大于设计厚度为正。

试验记录见表 9.1。

表 9.1　路面厚度检测记录

工程名称										外观形象				
序号	桩号	设计值/cm	左　侧				右　侧				备　注
			实测值/cm	差值/cm	实测值/cm	差值/cm	实测值/cm	差值/cm	实测值/cm	差值/cm	
											平均值：
											极值：
											结论：
											□合格
											□不合格

试验者_____　　　组别_____　　　成绩_____　　　试验日期_____

试验二　路面材料压实度试验（灌砂法）

（JTG E60—2008）

在公路工程施工中，为了提高路基路面的强度，保证其使用质量，必须对路基路面各结构层进行人工或机械压实。压实的作用：可以充分发挥路基土和路面材料的强度；可以减少

159

路基路面在行车荷载下产生形变；可以增加路基和路面材料的不透水性和强度的稳定性。

　　如果压实不足，则路面容易产生车辙、裂缝、沉陷及整个路面被剪切破坏，那么在施工现场如何判断和衡量压实的程度和效果呢？就需要测定压实度。现场测定压实度有环刀法、现场试坑法和核子密度仪法，下面以现场试坑灌砂法介绍路基路面材料的压实度试验方法。

一、试验目的及适用范围

　　（1）本试验方法适用于在现场测定基层（或底基层）、砂石路面及路基土的各种材料压实层的密度和压实度检测。但不适用于填石路堤等有大孔洞或大孔隙的材料压实层的压实度检测。

　　（2）用挖坑灌砂法测定密度和压实度时，应符合下列规定：

　　① 当集料的最大粒径小于 13.2 mm，但测定层的厚度不超过 150 mm 时，宜采用ϕ100 mm 的小型灌砂筒测试。

　　② 当集料的最大粒径等于或大于 13.2 mm，但不大于 31.5 mm，测定层的厚度不超过 200 mm 时，应用ϕ150 mm 的大型灌砂筒测试。

二、仪器与材料

　　灌砂筒：有大小二种，根据需要采用。

　　金属标定灌、基板、玻璃板、试样盘。

　　天平或台秤：称量 10 kg ~ 15 kg，感量不大于 1 g。用于含水率测定的天平精度，对细粒土、中粒土、粗粒土宜分别为 0.01 g、0.1 g、1.0 g。

　　含水率测定器具：如铝盒、烘箱等。

　　量砂：粒径 0.30 mm ~ 0.60 mm 清洁干燥的砂，一般 20 kg ~ 40 kg。使用前需洗净、烘干，并放置足够的时间，使其与空气的湿度达到平衡。

　　盛砂的容器：塑料桶等。

　　其他工具：凿子、螺丝刀、铁锤、长把勺、长把小簸箕、毛刷等。

三、方法与步骤

　　（1）按现行试验方法对检测对象试样用同种材料进行击实试验，得到最大干密度ρ_c及最佳含水率。

　　（2）按规定选用适宜的灌砂筒。

　　（3）按下列步骤标定灌砂筒下部圆锥体内砂的质量。

　　① 在灌砂筒筒口高度上，向灌砂筒内装砂至距筒顶 15 mm 左右为止。称取装入筒内砂的质量m_1准确至 1 g。以后每次标定及试验都应该维持砂高度与质量不变。

　　② 将开关打开，使灌砂筒筒底的流砂孔、圆锥形漏斗上端开口圆孔及开关铁板中心的圆

孔上下对准重叠在一起,让砂自由流出,并使流出砂的体积与工地所挖试坑内的体积相当(或等于标定罐的容积),然后关上开关。

③ 不晃动储沙筒的砂,轻轻地将灌砂筒移至玻璃板上,将开关打开,让砂流出,直到筒内砂不再下流时,将开关关上,并细心地取走灌砂筒。

④ 收集并称量留在玻璃板上的砂或称量筒内的砂,准确至 1 g。玻璃板上的砂就是填满筒下部圆锥体的砂(m_2)。

⑤ 重复上述测量 3 次,取平均值。

(4)按下列步骤标定砂的松方密度 ρ_s(g/cm^3)。

① 用水确定标定罐的容积 V,准确至 1 mL。

② 在储砂筒中装入质量为 m_1 的砂,并将灌砂筒放在标定罐上,将开关打开,让砂流出。在整个流砂过程中,不要碰到灌砂筒,直到储砂筒内的砂不在下流时,将开关关闭,取下灌砂筒,称取筒剩余砂的质量 m_3,准确至 1 g。

③ 按下式计算填满标定罐所需砂的质量 m_a(g)。

$$m_a = m_1 - m_2 - m_3 \qquad (9.2)$$

式中　m_a——标定罐中砂的质量(g);

　　　m_1——装入灌砂筒内砂的总质量(g);

　　　m_2——灌砂筒下部圆锥体内砂的质量(g);

　　　m_3——灌砂入标定罐后,筒内剩余砂的质量(g)。

④ 重复上述测量 3 次,取其平均值。

⑤ 按下式计算砂的密度:

$$\rho_s = \frac{m_a}{V} \qquad (9.3)$$

式中　ρ_s——量砂的松方密度(g/cm^3);

　　　V——标定罐的体积(cm^3)。

(5)实验步骤:

① 在试验地点,选一块平坦表面,并将其清扫干净,其面积不得小于基板面积。

② 将基板放在平坦表面上,当表面的粗糙度较大时,则将盛有量砂(m_5)的灌砂筒放在基板中间的圆孔上,将灌砂筒的开关打开,让砂流入基板的中孔内,直到储砂筒内的砂不再下流时关闭开关。取下灌砂筒,并称量筒内砂的质量(m_6),准确至 1 g。

③ 取走基板,并将留在试验地点的量砂收回,重新将表面清扫干净。

④ 将基板放回清扫干净的表面上(尽量放在原处),沿基板中孔凿洞(洞的直径与灌砂筒一致)。在凿洞过程中,应注意不使凿出的材料丢失,并随时将凿松的材料取出装入塑料袋中,不使水分蒸发。也可放在大试样盒内,试洞的深度应等于测定层厚度,但不得有下层材料混入,最后将洞内的全部凿松材料取出。对土基或基层,为防止试样盘内材料的水分蒸发,可分几次称取材料的质量。全部取出材料的总质量为 m_w,准确至 1 g。

注:当需要检测厚度时,应先测量厚度后再进行这一步骤。

⑤ 从挖出的全部材料中取出有代表性的样品,放在铝盒或洁净的搪瓷盘中,测定其含水量(w,以%计)。样品的数量如下:用小型灌砂筒测定时,对于细粒土,不小于 100 g;对

于各种中粒土，不少于 500 g。用大型灌砂筒测定时，对于细粒土，不小于 200 g；对各种中粒土，不小于 1 000 g；对于粗粒土或水泥、石灰、粉煤灰等无机结合料稳定材料，宜将取出的全部材料烘干，且不小于 2 000 g，称其质量 m_d。

注：当为沥青表面处治或沥青灌入式结构类材料时，则省去测定含水量的步骤。

⑥ 将基板安放在试坑上，将灌砂筒安放在基板中间（储砂筒内放满砂到要求质量 m_1），使灌砂筒的下口对准基板的中孔及试洞，打开灌砂筒的开关，让砂流入试坑内。在此期间，应注意勿碰动灌砂筒。直到储砂筒内的砂不再下流时，关闭开关。仔细取走灌砂筒，并称量筒内剩余砂的质量 m_4，准确至 1 g。

⑦ 如清扫干净的平坦表面粗糙度不大，可省去②和③的操作。在试洞挖好后，将灌砂筒直接对准放在试坑上，中间不需要放基板，打开筒的开关，让砂流入试坑内。在此期间，应注意勿碰动灌砂筒。直到储砂筒内的砂不再下流时，关闭开关。仔细取走灌砂筒，并称量剩余砂的质量 m_4'，准确至 1 g。

⑧ 仔细取出试筒内的量砂，以备下次试验时再用。若量砂的湿度已发生变化或量砂中混有杂质，则应该重新烘干、过筛，并放置一段时间，使其与空气的湿度达到平衡后再用。

四、试验结果计算

（1）按下面各式分别计算填满试坑所用的质量（g）。

① 灌砂时，试坑上放有基板：

$$m_b = m_1 - m_4 - (m_5 - m_6) \qquad (9.4)$$

② 灌砂时，试坑上不放基板：

$$m_b = m_1 - m_4' - m_2 \qquad (9.5)$$

式中　m_b——填满试坑的砂的质量（g）；

　　　m_1——灌砂前灌砂筒内砂的质量（g）；

　　　m_2——灌砂筒下部圆锥体内砂的质量（g）；

　　　m_4，m_4'——灌砂后，灌砂筒内剩余砂的质量（g）；

　　　（$m_5 - m_6$）——灌砂筒下部锥体内及基板和粗糙表面间砂的合计质量（g）。

（2）按下式计算试坑材料的湿密度 ρ_w（g/cm³）。

$$\rho_w = \frac{m_w}{m_b} \times \rho_s \qquad (9.6)$$

式中　m_w——试坑中取出的全部材料的质量（g）；

　　　ρ_s——量砂松方密度（g/cm³）。

（3）按下式计算试坑材料的干密度 ρ_d（g/cm³）。

$$\rho_d = \frac{\rho_w}{(1 + 0.01w)} \qquad (9.7)$$

式中　w——试坑材料的含水率（%）。

（4）当为水泥、石灰、粉煤灰等无机结合料稳定土的场合，可按下式计算干密度 ρ_d（g/cm^3）。

$$\rho_d = \frac{m_d}{m_b} \times \rho_s \qquad (9.8)$$

式中　m_d——试坑中取出的稳定土的烘干质量（g）。

（5）按下式计算施工压实度：

$$K = \frac{\rho_d}{\rho_c} \times 100 \qquad (9.9)$$

式中　K——测试地点的施工压实度（%）；

　　　ρ_d——试样的干密度（g/cm^3）；

　　　ρ_c——由击实试验得到的试样的最大干密度（g/cm^3）。

注：当试坑材料组成与击实试验的材料有较大差异时，可以试坑材料作标准击实，求取实际的最大干密度。

表 9.2　标准砂标定试验记录（灌砂法）

项目名称			试验单位			
砂来源			粒径范围		试验日期	
灌砂筒编号			灌砂筒直径		水比重 $p_w =$	
标定罐体积	标定罐质量/g	(1)				
	标定罐＋玻璃板质量/g	(2)				
	标定罐＋玻璃板＋水质量/g	(3)				
	标定罐体积/cm³　(4)=(3)－(2)/p_w	(4)				
	平均体积/cm³	(5)				
锥体砂质量	灌砂筒流出砂的体积与标定罐的容积相当后，剩余（筒＋砂）质量/g	(6)				
	灌砂至玻璃板后，玻璃板上砂质量/g	(7)				
	锥体砂质量/g　(8)=(7)	(8)				
	平均锥体砂质量/g	(9)				
砂密度	灌砂前（筒＋砂）质量/g	(10)				
	灌砂后（筒＋砂）质量/g	(11)				
	标定罐砂质量/g　(12)=(10)－(9)－(11)	(12)				
	砂密度/（g/cm^3）　(13)=(12)/(5)	(13)				
	平均砂密度/（g/cm^3）	(14)				
结果	锥体砂质量：　　　（g）			砂的密度：　　　（g/cm^3）		

试验者＿＿＿＿＿　　组别＿＿＿＿＿　　成绩＿＿＿＿＿　　试验日期＿＿＿＿＿

表 9.3　压实度试验记录（灌砂法）

试验单位			填土层数	
施工桩号			要求压实度/%	
最大干密度/（g/cm³）		最佳含水量/%		标定过的量砂密度/（g/cm³）
取样位置				
取样深度				
灌砂前筒＋砂的质量/g				
灌砂后筒＋砂的质量/g				
灌砂筒下部圆锥体内及基板和粗糙表面间砂的合计质量/g				
灌入试坑砂质量/g				
试坑湿土质量/g				
湿密度/（g/cm³）				
盒　号				
盒＋湿土质量/g				
盒＋干土质量/g				
盒　质　量/g				
干土质量/g				
水分质量/g				
含　水　量/%				
平　　均				
干密度/（g/cm³）				
压实度/%				
结　　论				

试验者_____　　组别_____　　成绩_____　　试验日期_____

试验三　路基路面回弹弯沉试验

（JTG E60—2008）

回弹弯沉值是指标准轴载轮隙中心处的最大回弹弯沉值，在路表进行测试，则反映了路基路面综合承载能力。测试回弹弯沉值的方法有贝克曼梁法、自动弯沉仪法、落锤式弯沉仪法。本试验以贝克曼梁法介绍路基路面回弹弯沉值测试方法。

一、试验目的与适用范围

（1）本方法适用于测定各类路基路面的回弹弯沉以评定其整体承载能力，可供路面结构设计使用。

（2）沥青路面的弯沉检测以沥青面层平均温度 20 ℃ 时为准，当路面平均温度在 20 ℃ ± 2 ℃ 以内可不修正，在其他温度测试时，对沥青层厚度大于 5 cm 的沥青路面，弯沉值应予温度修正。

二、试验原理

利用杠杆原理制成的杠杆式弯沉仪测定轮隙弯沉。

三、仪器与材料

标准车、路面弯沉仪、接触式路表温度计、皮尺、口哨、白油漆或粉笔、指挥旗等。

四、试验方法与步骤

1．准备工作

（1）检查并保持测定用标准车的车况及刹车性能良好，轮胎胎压符合规定充气压力。

（2）向汽车车槽中装载（铁块或集料），并用地中衡称量后轴总质量及单侧轮荷载，均应符合要求的轴重规定，汽车行驶及测定过程中，轴重不得变化。

（3）测定轮胎接地面积：在平整光滑的硬质路面上用千斤顶将汽车后轴顶起，在轮胎下方铺一张新的复写纸和一张方格，轻轻落下千斤顶，即在方格纸上印上了轮胎印痕，用求积仪或数方格的方法测算轮胎接地面积，准确至 0.1 cm^2。

（4）检查弯沉仪百分表量测灵敏情况。

（5）当在沥青路面上测定时，用路表温度计测定试验时气温及路表温度（一天中气温不断变化，应随时测定），并通过气象台了解前 5 天的平均气温（日最高气温与最低气温的平均值）。

（6）记录沥青路面修建或改建材料、结构、厚度、施工及养护等情况。

2．测试步骤

（1）在测试路段布置测点，其距离随测试需要而定。测点应在路面行车车道的轮迹带上，并用白油漆或粉笔画上标记。

（2）将试验车后轮轮隙对准测点后 3 cm ~ 5 cm 处的位置上。

（3）将弯沉仪插入汽车后轮之间的缝隙处，与汽车方向一致，梁臂不得碰到轮胎，弯沉仪测头置于测点上（轮隙中心前方 3 cm ~ 5 cm 处），并安装百分表于弯沉仪的测定杆上。百分表调零，用手指轻轻叩打弯沉仪，检查百分表应稳定回零。

弯沉仪可以是单侧测定，也可以是双侧同时测定。

（4）测定者吹哨发令指挥汽车缓缓前进，百分表随路面变形的增加而持续向前转动。当表针转动到最大值时，迅速读取初读数 L_1，汽车仍继续前进，表针反向回转，待汽车驶出弯沉影响半径（约 3 m 以上）后，吹口哨或挥动指挥红旗，汽车停止。待百分表指针回转稳定后，再次读取终读数 L_2。汽车前进速度宜为 5 km/h 左右。

五、弯沉仪的支点变形修正

（1）当采用长度为 3.6 m 的弯沉仪进行弯沉测定时，有可能引起弯沉仪支座处变形，在测定时应检验支点有无变形。如果有变形，此时应用另一台检验用的弯沉仪安装在测定用弯沉仪的后方，其测点架于测定用弯沉仪的支点旁。当汽车开出时，同时测定两台弯沉仪的弯沉读数，如检验弯沉仪百分表有读数，即应该记录并进行支点变形修正。当在同一结构层上测定时，可在不同位置测定 5 次，求平均值，以后每次测定时以此作为修正值。

（2）当采用长度为 5.4 m 的弯沉仪测定时，可不进行支点变形修正（图 9.1）。

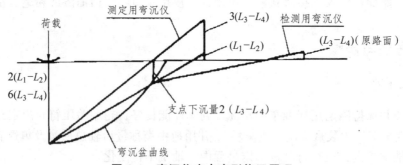

图 9.1　弯沉仪支点变形修正原理

六、结果计算及温度修正

（1）路面测点的回弹弯沉值依下式计算：

$$L_T = (L_1 - L_2) \times 2 \tag{9.10}$$

式中　L_T——在路面温度 T 时的回弹弯沉值（0.01 mm）；

　　　L_1——车轮中心临近弯沉仪测头时百分表的最大读数（0.01 mm）；

　　　L_2——汽车驶出弯沉影响半径后百分表的终读数（0.01 mm）。

（2）当需进行弯沉仪支点变形修正时，路面测点回弹弯沉值按下式计算：

$$L_T = (L_1 - L_2) \times 2 + (L_3 - L_4) \times 6 \tag{9.11}$$

式中　L_1——车轮中心临近弯沉仪测头时测定用弯沉仪的最大读数（0.01 mm）；

　　　L_2——汽车驶出弯沉影响半径后测定用弯沉仪的终读数（0.01 mm）；

　　　L_3——车轮中心临近弯沉仪测头时检验用弯沉仪的最大读数（0.01 mm）；

　　　L_4——汽车驶出弯沉影响半径后检验用弯沉仪的终读数（0.01 mm）。

　　注：此式适用于测定用弯沉仪支座处有变形，但百分表架处路面已无变形的情况。

（3）沥青面层厚度大于 5 cm 的沥青路面，回弹弯沉值应进行温度修正，温度修正及回弹弯沉的计算按下列步骤进行。

① 测定时的沥青层平均温度按下式计算：

$$T = (T_{25} + T_m + T_e)/3 \tag{9.12}$$

式中　T——测定时沥青层平均温度（℃）；

　　　T_{25}——根据 T_0 由图 9.2 决定的路表下 25 mm 处的温度（℃）；

　　　T_m——根据 T_0 由图 9.2 决定的沥青层中间深度的温度（℃）；

　　　T_e——根据 T_0 由图 9.2 决定的沥青层底面处的温度（℃）。

图 9.2 中 T_0 为测定时路表温度与测定前 5 d 日平均气温的平均值之和（℃），日平均气温为日最高气温与最低气温的平均值。

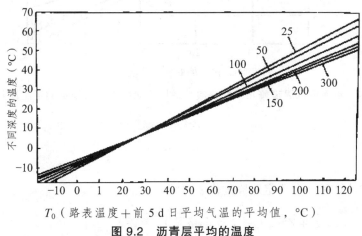

T_0（路表温度＋前 5 d 日平均气温的平均值，℃）

图 9.2　沥青层平均的温度

注：线上的数字表示从路表向下的不同深度（mm）。

② 根据沥青层平均温度 T 及沥青层厚度，分别由图 9.3 及图 9.4 求取不同基层的沥青路面弯沉值的温度修正系数 K。

③ 沥青路面回弹弯沉值按下式计算：

$$L_{20} = L_T \times K \tag{9.13}$$

式中　K——温度修正系数；

　　　L_{20}——换算为 20 ℃ 的沥青路面回弹弯沉值（0.01 mm）；

　　　L_T——测定时沥青面层的平均温度为 T 时的回弹弯沉值（0.01 mm）。

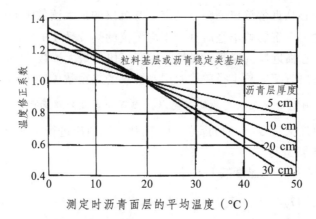

图 9.3 路面弯沉修正系数曲线（适用于粒料基层及沥青稳定）

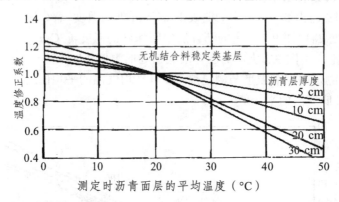

图 9.4 路面弯沉温度修正系数曲线（适用于无机结合料稳定的半刚性基层）

七、结果评定

（1）按下式计算每一个评定路段的代表弯沉：

$$L_r = \overline{L} + Z_a \cdot S（一个评定路段）\qquad(9.14)$$

式中 L_r——一个评定路段的代表弯沉（0.01 mm）；

$\overline{L}$——一个评定路段内经各项修正后的各测点弯沉的平均值（0.01 mm）；

S——一个评定路段内经各项修正后的各测点弯沉的标准差（0.01 mm）；

Z_a——与保证率有关的系数，当设计弯沉值按《公路沥青路面设计规范》（JTG D50—2006）确定时，采用表 9.4 的规定值。

表 9.4 保证率系数 Z_a 的取法

层 位	Z_a	
	高速公路、一级公路	二、三级公路
沥青面层	1.645	1.5
路 基	2.0	1.645

（2）在计算平均值和标准差时，应将超出 $L \pm (2 \sim 3)S$ 的弯沉特异值舍弃。对舍弃的弯沉值过大的点，应找其周围界限，进行局部处理。当用两台弯沉仪同时进行左右轮弯沉值测定时，应按两个独立测点计，不能采用左右两点平均值。

（3）当弯沉代表值不大于设计要求的弯沉值时得满分；大于时得零分。

若在非不利季节测定时，应考虑季节影响系数。

八、报　告

报告应包括下列内容：

（1）弯沉测定表、支点变形修正值、测试时的路面温度及温度修正值。

（2）每一个评定路段的各测点弯沉的平均值、标准差及代表弯沉。

试验记录见表 9.5。

表 9.5　弯沉测试试验记录

结构层名称					测试路段桩号				
设计弯沉值（0.01 mm）			测试车型			天气		测试日期	
试验车牌号			后轴重				轮胎压力		MPa
序号	车道	桩号	路中心（　　　）侧						
			加载读数（0.01 mm）	卸载读数（0.01 mm）	读数差值（0.01 mm）	实测弯沉（0.01 mm）	换算到标准值（0.01 mm）	换算到20℃（0.01 mm）	

测点数 n　　　　　平均弯沉值 L（0.01 mm）　　　　　标准差 S（0.01 mm）

Z_a(保证率系数) =　　　　　K(温度修正系数) =

计算弯沉 L_r =

注：应采用 BZZ-100 的标准汽车，后轴重 10 t，内胎压力 0.7 MPa

结　论

试验者＿＿＿＿＿＿　　组别＿＿＿＿＿　　成绩＿＿＿＿＿＿　　试验日期＿＿＿＿＿＿

试验四　路面平整度试验

（JTG E60—2008）

路面平整度是评定路面使用品质的重要指标之一。它直接关系到行车安全、舒适以及车辆行驶能力和营运经济性，并影响路面的使用年限。测定路面平整度指标一是为了检查控制路面施工质量与验收路面工程，二是根据测定的路面平整度指标确定养护修理计划。平整度的测试设备分为断面类及反应类两大类。断面类实际上是测定路面表面凹凸情况，如最常用的 3 米直尺及连续式平整度仪，还可用精确测量高程得到。国际平整度指标是以此为基准建立的，这是平整度最基本的指标。反应类是由于路面凹凸不平引起车辆颠簸，这是司机和乘客直接感受到的平整度指标。因此，它实际上是舒适性能指标，最常用的是车载式颠簸累积仪。本处介绍最常见的 3 米直尺测定平整度试验方法。

3 米直尺测定法有单尺测定最大间隙及等距离（1.5 m）连续测定两种，前者常用于施工时质量控制和检查验收，单尺测定时要计算出测定段的合格率，等距离连续式测试也可用于施工质量检查验收，但要算出标准差，用标准差来表示平整程度，它与 3 米连续式平整度仪测定的路面平整度有较好的相关关系（表 9.6）。

表 9.6　平整度测试方法比较

方　法	特　点	技术指标
3 米直尺测定法	设备简单，结果直观，间断测试，工作效率低，反映凹凸程度	最大间隙 h / mm
连续式平整度仪法	设备较复杂，连续测试，工作效率高，反映凹凸程度	标准差 σ / mm
颠簸累积仪	设备复杂，连续测试，工作效率高，反映舒适性	单向累计值 VBI / (cm/km)

I. 3 米直尺测定平整度试验方法

一、试验目的及适用范围

本方法规定用 3 米直尺测定距离路表面的平整度，定义 3 米直尺基准面距离路表面的最大间隙表示路基路面的平整度，以 mm 计。

本方法适用于测定压实成型的路面各层表面的平整度，以评定路面的施工质量，也可用于路基表面成型后的施工平整度检测。

二、仪器与材料

3米直尺、锲形塞尺、皮尺、钢尺、粉笔等。

三、方法与步骤

1. 准备工作

（1）按有关规范规定选择测试路段。

（2）测试路段的测试地点选择：当为沥青路面施工过程中的质量检测时，测试地点应选在接缝处，以单杆测定评定；除高速公路以外，可用于其他等级公路路基路面工程质量检查验收或进行路况评定，每200m测2处，每处连续测量10尺。除特殊需要者外，应以行车道一侧车轮轮迹（距车道线 0.8 m～1.0 m）作为连续测定的标准位置。对旧路已形成车辙的路面，应取车辙中间的位置为测定位置，用粉笔在路面上做好标记。

（3）清扫路面测定位置处的污物。

2. 测试步骤

（1）在施工过程中检测时，按根据需要确定的方向，将3米直尺摆在测试地点的路面上。

（2）目测3米直尺底面与路面之间的间隙情况，确定最大间隙的位置。

（3）用有高度标线的塞尺塞进间隙处，量测其最大间隙高度（mm）；或者用深度尺在最大间隙位置量测直尺上顶面距地面的深度，该深度减去尺高即为测试点的最大间隙的高度，准确至0.2 mm。

四、计算及试验记录

（1）单杆检测路面的平整度计算，以3米直尺与路面的最大间隙为测定结果，连续测定10尺时，判断每个测定值是否合格，根据要求，计算合格百分率，并计算10个最大间隙的平均值。

$$合格率 = \frac{合格尺数}{总测尺数} \times 100\%$$

（2）报告。

单杆检测的结果应随时记录测试位置及检测结果。在连续测定10尺时，应报告平均值、不合格尺数、合格率。平整度试验记录见表9.7。

表 9.7　平整度试验记录

桩号	位置		检测结果/mm												平均值/mm	备 注
	上行	下行	1	2	3	4	5	6	7	8	9	10	11	12		

试验者_____　　　组别_____　　　成绩_____　　　试验日期_____

Ⅱ. 连续式平整度仪法

一、试验目的及适用范围

本方法规定用连续式平整度仪量测路面的不平整度的标准差 σ，以表示路面的平整度，以 mm 计。

本方法适用于测定路表面的平整度，评定路面的施工质量和使用质量，但是不适用于在已有较多坑槽、破损严重的路面上测定。

二、仪器与材料

（1）连续式平整度仪：

连续式平整度仪构造如示意图。除特殊情况外，连续式平整度仪的标准长度为 3 m。中间为一个 3 m 长的机架，机架可缩短或折叠，前后各有 4 个行走轮，前后两组轮的轴间距离为 3 m。机架中间有一个能起落的测定轮。机架上装有蓄电池电源及可拆卸的检测箱，检测箱可采用显示、记录、打印或绘图等方式输出测试结果。测定轮上装有位移传感器，距离传感器等检测器，自动采集位移数据时，测定间距为 10 cm，每一计算区间的长度为 100 m，输出一次结果。当为人工检测、无自动采集数据及计算功能时，应能记录测试曲线。机架头装有一牵引钩及手拉柄，可用人力或汽车牵引（图 9.5、图 9.6）。

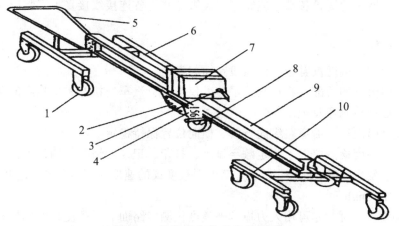

图 9.5　连续式平整度仪构造图

1—脚轮；2—拉簧；3—离合器；4—测架；5—牵引架；6—前架；
7—纵断面绘图仪；8—测定轮；9—纵梁；10—后架

图 9.6

（2）牵引车：小面包车或其他小型牵引汽车。

（3）皮尺或测绳。

三、方法与步骤

1．准备工作

（1）选择测试路段。

（2）当为施工过程中的质量检测需要时，测试地点根据需要决定；当为路面工程质量检查验收或进行路面评定需要时，通常以行车道一侧车轮轮迹带作为连续测定的标准位置。对旧路面已形成车辙的路面，取一侧车辙中间位置为测定位置。当以内侧轮轮迹带（IWP）作为测定位置时，测定位置距车道标线 80～100 cm。

（3）清扫路面测定位置处的赃物。

（4）检查仪器，检测箱各部分应完好、灵敏，并将各连接线接妥，安装记录设备。

2. 测试步骤

（1）将连续式平整度仪置于测试路段路面起点上。

（2）在牵引汽车的后部，将连续式平整度仪与牵引汽车连接好，平整度的挂钩挂上后，放下测定轮，启动检测器及记录仪。

（3）启动牵引汽车，沿道路纵向行驶、横向位置保持稳定。

（4）检查平整度检测仪表上测定数字显示、打印、记录的情况，确认工作正常。如检测设备中某项仪表发生故障，即停车检测，牵引平整度仪的速度应保持匀速，速度宜为 5 km/h，最大不得超过 12 km/h。

在测试路段较短时，亦可用人力拖拉平整度仪测定路面的平整度，但拖拉时应保持匀速前进。

3. 计 算

（1）连续式平整度测定仪测定后，可按每 10 cm 间距采集的位移值自动计算得到每 100 m 计算区间的平整度标准差，还可记录测试长度（m）。

（2）每一计算区间的路面平整度以该区间测定结果的标准差表示。按下式计算：

$$\sigma_i = \sqrt{\frac{\sum d_i^2 - (\sum d_i)^2 / N}{N-1}} \tag{9.15}$$

式中 σ_i——各计算区间的平整度计算值（mm）；

d_i——以 100 m 为一个计算区间，每隔一定距（自动采集间距为 10 cm，人工采集间距 1.5 m）采集的路面凹凸偏差位移值（mm）。

4. 报 告

试验应列表报告每一个评定路段内各测定区间的平整度标准差。各评定路段平整度的平均值、标准差、变异系数以及不合格区间数。

试验五 路面抗滑性能试验

（JTG E60—2008）

路面抗滑性能是指车辆轮胎受到制动时沿表面滑动所产生的力。通常抗滑性能被看作是路面的表面特性，并用轮胎与路面间的摩阻系数来表示。表面特性包括路面细构造和粗构造。

影响抗化性能的因素有路面表面特性、路面潮湿程度和行车速度等。

抗滑性能测试方法有：构造深度测定法（手工铺砂法、电动铺砂法、激光构造深度仪法）、摆式仪法、横向力系数测试法等。

本试验指导介绍手工铺砂法测定路面构造深度和摆式仪法测定路面摩擦系数试验方法。

I. 手工铺砂法测定路面构造深度试验方法

一、试验目的及适用范围

本方法适用于测定沥青路面及水泥混凝土路面表面构造深度，用以评定路面表面的宏观构造。

二、仪器与材料

人工铺砂仪（量砂筒、推平板、刮平尺）、量砂（粒径 0.15 mm ~ 0.3 mm）、量尺、装砂容器（小铲）、扫把或毛刷、挡风板等（图 9.7）。

图 9.7

三、方法与步骤

1. 准备工作

（1）量砂准备：取洁净的细砂，晾干过筛，取 0.15 mm ~ 0.3 mm 的砂置适当容器中备用，量砂只能在路面上使用一次，不宜重复使用。

（2）按 JTG E60—2008 附录 A 的方法，对测试路段按随机取样选点的方法，决定测点所在横断面位置，测点应选在车道的轮迹带上，距路面边缘不应小于 1 m。

2. 试验步骤

（1）用扫把或毛刷子将测点附近的路面清扫干净，面积不小于 30 cm × 30 cm。

（2）用小铲装砂，沿筒壁向圆筒中注满砂，手提圆筒上方，在硬质路表面上轻轻地叩打 3 次，使砂密实，补足砂面并用钢尺一次刮平（图 9.8）。

注：不可直接用量砂筒装砂，以免影响量砂密度的均匀性。

图 9.8

（3）将砂倒在路面上，用底面粘有橡胶片的推平板，由里向外重复作旋转摊铺运动，稍稍用力将砂细心地尽可能地向外摊开，使砂填入凹凸不平的路表面的空隙中，尽可能将砂摊成圆形，并不得在表面上留有浮动余砂。注意，摊铺时不可用力过大或向外推挤（图 9.9）。

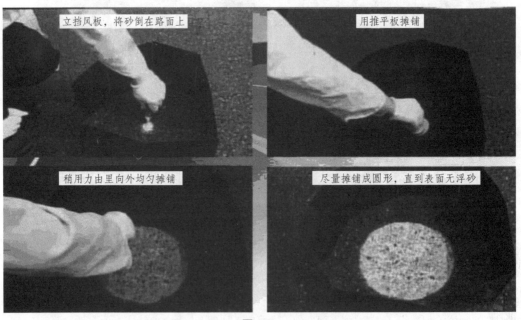

图 9.9

（4）用钢板尺测量所构成圆的两个垂直方向的直径，取其平均值，准确至 5 mm（图 9.10）。

176

图 9.10

（5）按以上方法，同一处平行测定不少于 3 次，3 个测点均位于轮迹带上，测点间距 3 m～5 m，对同一处，应该由同一个试验员进行测定。该处的测定位置以中间测点的位置表示。

四、结果计算

（1）路面表面构造深度测定结果按下式计算：

$$TD = \frac{1\,000V}{\pi D^2 / 4} = \frac{31\,831}{D^2} \tag{9.16}$$

式中　TD——路面表面构造深度（mm）；

　　　V——砂的体积（25 cm³）；

　　　D——摊平砂的平均直径（mm）。

（2）每一处均取 3 次路面构造深度的测定结果的平均值作为试验结果，准确至 0.1 mm。

按 JTG E60—2008 附录 B 的方法计算每一个评定区间路面构造深度的平均值、标准差、变异系数。

五、报　告

（1）列表逐点报告路面构造深度的测定值及 3 次测定的平均值，当平均值小于 0.2 mm 时，试验结果以 < 0.2 mm 表示。

（2）每一个评定区间路面构造深度的平均值、标准差、变异系数。

试验记录见表 9.8。

表 9.8　沥青路面抗滑性能试验记录

摩 擦 系 数 检 测						路面温度 T/℃	
						温度修正值	
桩 号	摆 值					平均值 F_{BT}（BPN）	结 论
	1	2	3	4	5		

路 面 表 面 构 造 深 度 检 测

桩 号	摊砂直径/cm	表面构造深度/mm	构造深度平均值 TD/mm	结 论

试验者＿＿＿＿＿＿　　　组别＿＿＿＿＿＿　　　成绩＿＿＿＿＿＿　　　试验日期＿＿＿＿＿＿

II. 摆式仪试验方法

一、试验目的及适用范围

本方法适用于以摆式摩擦系数测定仪(摆式仪)测定沥青路面、标线或其他材料试件的抗滑值，用以评定路面或路面材料试件在潮湿状态下的抗滑能力。

二、仪器与材料

（1）摆式仪：摆及摆的连接部分总质量为 1 500 g ± 30 g，摆动中心至摆的重心距离为 410 mm ± 5 mm，测定时摆在路面上滑动长度为 126 mm ± 1 mm，摆上橡胶片端部距摆动中心的距离为 510 mm，橡胶片对路面的正向静压力为 22.2 N ± 0.5 N。

（2）橡胶片：当用于测定路面抗滑值时，其尺寸为 6.35 mm × 25.4 mm × 76.2 mm，橡胶质量应符合表 9.9 的要求。当橡胶片使用后，端部在长度方向上磨耗超过 1.6 mm 或边缘在宽度方向上磨耗超过 3.2 mm，或有油类污染时，即应更换新橡胶片。新橡胶片应先在干燥路面上测试 10 次后再用于测试。橡胶片的有效使用期从出厂日期起算为 12 个月。

表 9.9 橡胶物理性质技术要求

性质指标	温度/°C				
	0	10	20	30	40
弹性/%	43 ~ 49	58 ~ 65	66 ~ 73	71 ~ 77	74 ~ 79
硬度（IR）	55 ± 5				

（3）滑动长度量尺：长 126 mm。

（4）洒水壶。

（5）硬毛刷、橡胶刮板。

（6）路面温度计：分度不大于 1 °C。

（7）其他：皮尺或钢卷尺、扫帚、粉笔、记录表格等。

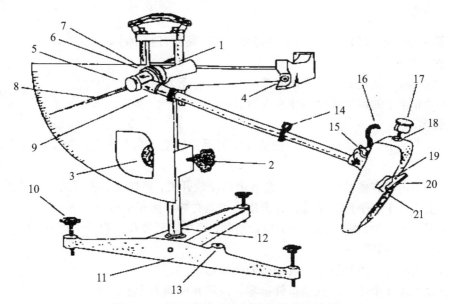

图 9.11 摆式摩擦系数测定仪结构示意图

1，2—紧固把手；3—升降把手；4—释放开关；5—转向节螺盖；6—调节螺母；7—针簧片或毡垫；
8—指针；9—连接螺母；10—调平螺栓；11—底座；12—铰链；13—水准泡；14—卡环；
15—定位螺丝；16—举升柄；17—平衡锤；18—并紧螺母；
19—滑溜块；20—橡胶片；21—止滑螺丝

① 底座：由 T 形腿、调平螺丝和水准泡组成。对仪器起调平、支承作用。

② 立柱：由立柱、升降机构、导向杆及仪器把手组成。用于升降和固定摆头的位置。

③ 释放开关：安装于悬臂上的开关，用于保持摆杆水平位置和释放摆落下的作用。

④ 摆头：由紧固把手、摆轴、转向节、轴承等组成，起联结摆、固定位置、保证在摆动平面内自由摆动的作用。

⑤ 示数系统：由指针、毛毡圈、法兰、紧固螺母及度盘组成，指针可直接指示出摩擦系数数值。

⑥ 摆：由上、下部接头，摆杆，弹簧，杠杆系，举升柄，外壳，滑溜块及橡胶片组成。它对摆动中心有规定力矩，对路面有规定压力，本身前与后、左与右的力矩平衡，它是度量路面的摩擦系数的尺度。

三、方法与步骤

1. 准备工作

（1）检查摆式仪的调零灵敏情况，并定期进行仪器的标定。当用于路面工程检查验收时，仪器必须重新标定。

（2）按 JTG E60—2008 附录 A 的方法，进行测试路段的取样选点（随机选点方法，决定测点所在横断面位置）。在横断面上测点应选在行车道轮迹处，且距路面边缘不应小于 1 m。

2. 试验步骤

（1）清洁路面：用扫帚或其他工具将测点处的路面打扫干净。

（2）仪器调平。

① 将仪器置于测点上，并使摆的摆动方向与行车方向一致。

② 转动底座上的调平螺栓，使水准泡居中。

（3）调零。

① 放松上、下两个紧固把手，转动升降把手，使摆升高并能自由摆动，然后旋紧紧固把手。

② 将摆固定在右侧悬臂上（按下悬臂上的释放开关，使摆上的卡环进入开关槽，放开释放开关），使摆处于水平释放位置，并把指针拨至右端与摆杆平行处。

③ 按下释放开关，使摆向左带动指针摆动，当摆达到最高位置后下落时，用左手将摆杆接住，此时指针应指零。

④ 若不指零时，可稍旋紧或放松摆的调节螺母。

⑤ 重复上述 4 个步骤，直至指针指零。调零允许误差为 ± 1。

（4）校核滑动长度。

① 用毛刷和橡胶刮板清除摆动范围内路面上的松散粒料。

② 让摆处于自然下垂状态，松开紧固把手，转动立柱上的升降把手，使摆缓缓下降。与此同时，提起摆头上的举升柄向左侧移动，然后放下举升柄使橡胶片下缘轻轻触地，紧靠橡胶片摆放滑动长度量尺（长 126 mm），使量尺左侧对准橡胶片下缘；再提起举升柄向右侧移动，然后放下举升柄使橡胶片下缘轻轻触地，检查橡胶片下缘应与滑动长度量尺的右端齐平。橡胶片两次同路面的接触点的距离应为 126 mm（滑动长度）。

③ 若齐平，则说明橡胶片二次触地的距离（滑动长度）符合 126 mm 的规定。校核滑动

长度时，应以橡胶片长边刚刚接触路面为准，不可借摆的力量向前滑动，以免标定的滑动长度与实际不符。

④ 若不齐平，升高或降低摆或仪器底座的高度。微调时用旋转仪器底座上的调平螺丝调整仪器底座的高度的方法比较方便，但需注意保持水准泡居中。

⑤ 重复上述动作，直至滑动长度符合 126 mm 的规定。

注：校核滑动长度时，应以橡胶片长边刚刚接触路面为准，不可借摆力量向前滑动，以免标定的滑动长度过长。

（5）将摆固定在右侧悬臂上，使摆处于水平释放位置，并把指针拨至右端与摆杆平行处。

（6）用喷水壶浇洒测点，使路面处于湿润状态。

（7）按下右侧悬臂上的释放开关，使摆在路面滑过。当摆杆回落时，用左手将摆杆接住，读数但不记录。然后使摆杆和指针重新置于水平释放位置。

（8）重复（6）和（7）的操作 5 次，并读记每次测定的摆值。

单点测定的 5 个值中最大值与最小值的差值不得大于 3，如差值大于 3 时，应检查产生的原因，并再次重复上述各项操作，至符合规定为止。

取 5 次测定的平均值作为单点的路面抗滑值（即摆值 BPN_t），取整数。

（9）在测点位置用温度计测记潮湿路表温度，准确至 1 ℃。

（10）每个测点由 3 个单点组成，即需按以上方法在同一测点处平行测定 3 次，以 3 次测定结果的平均值作为该测点的代表值（精确到 1）。

3 个单点均应位于轮迹带上，单点间距离为 3 m ～ 5 m。该测点的位置以中间单点的位置表示。

四、抗滑值的温度修正

当路面温度为 t（℃）时，测得的摆值为 BPN_t，必须按下式换算成标准温度 20 ℃的摆值 BPN_{20}：

$$BPN_{20} = BPN_t + \Delta BPN \tag{9.17}$$

式中　BPN_{20}——换算成标准温度 20 ℃时的摆值；

　　　BPN_t——路面温度 t 时测得的摆值；

　　　ΔBPN——温度修正值按表 9.10 采用。

表 9.10　温度修正值

温度 T/℃	0	5	10	15	20	25	30	35	40
温度修正值ΔF	− 6	− 4	− 3	− 1	0	+ 2	+ 3	+ 5	+ 7

五、报　告

报告应包含如下内容：

（1）路面单点测定值 BPN_t 经温度修正后的 BPN_{20}、现场温度、3 次平均值。

（2）评定路段路面抗滑值的平均值、标准差、变异系数。

试验六　回弹法检测混凝土抗压强度试验

（JGJ/ T 23—2011）

一、一般规定

（1）结构或构件混凝土强度检测宜具有下列资料：

① 工程名称及设计、施工、监理（或监督）和建设单位名称。

② 结构或构件名称、外形尺寸、数量及混凝土强度等级。

③ 水泥品种、强度等级、安定性、厂名，砂、石种类及粒径，外加剂或掺和料品种、掺量，混凝土配合比等。

④ 施工时材料计量情况，模板、浇筑、养护情况及成型日期等。

⑤ 必要的设计图纸和施工记录。

⑥ 检测原因。

（2）回弹仪在检测前后，均应在钢砧上做率定试验，应符合下列规定：

① 率定试验应在室温为 5 ℃～35 ℃条件下进行。

② 钢砧表面应干燥、清洁。并应稳固地平放在刚度大的物件上。

③ 回弹值应取连续向下弹击 3 次的稳定回弹结果的平均值。

④ 弹击杆应分四次旋转，每次旋转宜为 90°。弹击杆每旋转一次的率定平均值应为 80 ± 2，率定回弹仪钢砧 2 年校准 1 次。

（3）混凝土强度可按单个构件或按批量进行检测，并应符合下列规定：

① 单个检测，适用于单个结构或构件的检测。

② 批量检测，适用于在相同的生产工艺条件下，混凝土强度等级相同，原材料、配合比、成型工艺、养护条件基本一致且龄期相近的同类结构或构件。按批进行检测的构件，抽检数量不得少于同批构件总数的 30% 且构件数量不得少于 10 件。在抽检构件时，应随机抽取并使所选构件具有代表性。

（4）每一结构或构件的测区应符合下列规定：

① 每一结构或构件测区数不应少于 10 个，对某一方向尺寸不大于 4.5 m 且另一方向尺寸不大于 0.3 m 的构件，每个构件其测区数量可适当减少，但不应少于 5 个。

② 相邻两测区的间距应控制在 2 m 以内，测区离构件端部或施工缝边缘的距离不宜大于 0.5 m，且不宜小于 0.2 m。

③ 测区应选在使回弹仪处于水平方向检测混凝土浇筑侧面。当不能满足这一要求时，可使回弹仪处于非水平方向检测混凝土浇筑侧面、表面或底面。

④ 测区宜选在构件的两个对称可测面上，也可选在一个可测面上，且应均匀分布。在构件的重要部位及薄弱部位必须布置测区，并应避开预埋件。

⑤ 测区的面积不宜大于 0.04 m²。

⑥ 检测面应为混凝土表面，并应清洁、平整，不应有疏松层、浮浆、油垢、涂层以及蜂窝、麻面，必要时可用砂轮清除疏松层和杂物，且不应有残留的粉末或碎屑。

⑦ 对弹击时产生颤动的薄壁、小型构件应进行固定。

（5）结构或构件的测区应标有清晰的编号，必要时应在记录纸上描述测区布置示意图和外观质量情况。

（6）当检测条件与测强曲线的适用条件有较大差异时，可采用同条件试件或钻取混凝土芯样进行修正，试件或钻取芯样数量不应少于 6 个。在钻取芯样时每个部位应钻取一个芯样，在计算时，测区混凝土强度换算值应乘以修正系数。修正系数应按下列公式计算：

$$\eta = \frac{1}{n} \sum_{i=1}^{n} f_{cu,i} / f_{cu,i}^{c}$$

或
$$\eta = \frac{1}{n} \sum_{i=1}^{n} f_{cor,i} / f_{cu,i}^{c} \qquad (9.18)$$

式中　η——修正系数，精确到 0.01；

$f_{cu,i}$——第 i 个混凝土立方体试件（边长为 150 mm）的抗压强度值，精确到 0.1 MPa；

$f_{cor,i}$——第 i 个混凝土芯样试件的抗压强度值，精确到 0.1 MPa；

$f_{cu,i}^{c}$——对应于第 i 个试件或芯样部位回弹值和碳化深度值的混凝土强度换算值，可按本规程附录 A 采用；

n——试件数。

二、回弹值的测量

（1）在检测时，回弹仪的轴线应始终垂直于结构或构件的混凝土检测面，缓慢施压，准确读数，快速复位。

（2）测点宜在测区范围内均匀分布，相邻两测点的净距不宜小于 20 mm；测点距外露钢筋、预埋件的距离不宜小于 30 mm。测点不应在气孔或外露石子上，同一测点只应弹击一次。每一测区应记取 16 个回弹值，每一测点的回弹值读数估读至 1。

三、碳化深度值测量

（1）当回弹值测量完毕后，应在有代表性的位置上测量碳化深度值，测点表不应少于构件测区数的 30%，取其平均值为该构件每测区的碳化深度值。当碳化深度值极差大于 2.0 mm 时，应在每一测区测量碳化深度值。

（2）碳化深度值测量，可采用适当的工具在测区表面形成直径约 15 mm 的孔洞，其深度应大于混凝土的碳化深度。孔洞中的粉末和碎屑应除净，并不得用水擦洗。同时，应采用浓度为 1%～2% 的酚酞酒精溶液滴在孔洞内壁的边缘处，当已碳化与未碳化界线清楚时，再用深度测量工具测量已碳化与未碳化混凝土交界面到混凝土表面的垂直距离，并应测 3 次，每次读数精确至 0.25 m。

（3）应取三次测量的平均值作为检测结果，并应精确至 0.5 mm。

四、回弹值计算

（1）计算测区平均回弹值，应从该测区的 16 个回弹值中剔除 3 个最大值和 3 个最小值，余下的 10 个回弹值应按下式计算：

$$R_{\mathrm{m}} = \frac{\sum\limits_{i=1}^{10} R_i}{10} \qquad (9.19)$$

式中　R_{m}——测区平均回弹值，精确至 0.1；

　　　R_i——第 i 个测点的回弹值。

（2）当非水平方向检测混凝土浇筑侧面时，应按下式修正：

$$R_{\mathrm{m}} = R_{\mathrm{m}\alpha} + R_{\mathrm{a}\alpha} \qquad (9.20)$$

式中　$R_{\mathrm{m}\alpha}$——非水平状态检测时测区的平均回弹值，精确至 0.1；

　　　$R_{\mathrm{a}\alpha}$——非水平状态检测时回弹值修正值，可按本规程附录 C（略）采用。

（3）当水平方向检测混凝土浇筑顶面或底面时，应按下列公式修正：

$$R_{\mathrm{m}} = R_{\mathrm{m}}^{t} + R_{\mathrm{a}}^{t} \qquad (9.21)$$

$$R_{\mathrm{m}} = R_{\mathrm{m}}^{b} + R_{\mathrm{a}}^{b} \qquad (9.22)$$

式中　R_{m}^{t}, R_{m}^{b}——水平方向检测混凝土浇筑表面、底面时测区的平均回弹值，精确至 0.1；

　　　R_{a}^{t}, R_{a}^{b}——混凝土浇筑表面、底面回弹值的修正值，应按本规程附录 D（略）采用。

（4）当检测时回弹仪为非水平方向且测试面为非混凝土的浇筑侧面时，应先按本规程附录 C（略）对回弹值进行角度修正，再按本规程附录 D 对修正后的值进行浇筑面修正。

五、结构或混凝土强度的计算

由各测区的混凝土强度换算值可计算得出结构或构件混凝土强度平均值，当测区数等于或大于 10 时，还应计算标准差。平均值及标准差应按下式计算：

$$mf_{\mathrm{cu}}^{c} = \frac{\sum\limits_{i=1}^{n} f_{\mathrm{cu},\,i}^{c}}{n} \qquad (9.23)$$

$$sf_{\mathrm{cu}}^{c} = \sqrt{\frac{\sum\limits_{i=1}^{n} (f_{\mathrm{cu},\,i}^{c})^2 - n(mf_{\mathrm{cu}}^{c})^2}{n-1}} \qquad (9.24)$$

式中　$mf_{\mathrm{cu},\,i}^{c}$——构件混凝土强度平均值（MPa），精确至 0.1 MPa；

$sf_{cu,i}^{c}$——构件混凝土强度标准差（MPa），精确至 0.01 MPa；

n——对于单个测定的构件，取一个构件的测区数；对于抽样测定的结构或构件，取各抽检试样测区数之和。

当该结构或构件的测区数不少于 10 个或按批量检测时，应按下式计算：

$$f_{cu,e} = mf_{cu,i}^{c} - 1.645 \, sf_{cu,i}^{c} \qquad (9.25)$$

试验记录格式见表 9.11。

表 9.11 回弹法混凝土强度试验记录

委托单位名称								试验规程								
试验日期								工程部位								

率定值：　　　　　回弹仪型号：　　　　　测试日期：　　　　　年　月　日

编号 / 测区	回弹值 R_i																碳化深度
	1	2	3	4	5	6	7	8	9	10	11	12	13	14	15	16 R_m	
1																	
2																	
3																	
4																	
5																	
6																	
7																	
8																	
9																	
10																	

测面状态：　1. 侧面　　2. 表面　　3. 底面　　4. 风干　　5. 潮湿　　6. 光洁　　7. 粗糙
测试角度：　1. 水平　　2. 向上　　3. 向下

项　目		测区号	1	2	3	4	5	6	7	8	9	10
回弹值 R_m		测区平均值										
		角度修正值										
		角度修正后										
		浇筑面修正值										
		浇筑修正后										
平均碳化深度值 d_m/mm												
测区强度值 $f_{cu,i}^{c}$/MPa												
强度计算 /MPa	$n=$				$K=$				$mf_{cu,i}^{c}=$			$sf_{cu,i}^{c}=$
强度评定值 $f_{cu,e} = mf_{cu,i}^{c} - 1.645 \, sf_{cu,i}^{c}$ / MPa												

试验者＿＿＿＿　　组别＿＿＿＿　　成绩＿＿＿＿　　试验日期＿＿＿＿

附录 A 测区混凝土强度换算表

平均回弹值 R_m	测区混凝土强度换算值 $f^c_{cu,i}$ /MPa												
	平均碳化深度值 d_m/mm												
	0	0.5	1.0	1.5	2.0	2.5	3.0	3.5	4.0	4.5	5.0	5.5	≥6.0
20.0	10.3	10.1	—	—	—	—	—	—	—	—	—	—	—
20.2	10.5	10.3	10.0	—	—	—	—	—	—	—	—	—	—
20.4	10.7	10.5	10.2	—	—	—	—	—	—	—	—	—	—
20.6	11.0	10.8	10.4	10.1	—	—	—	—	—	—	—	—	—
20.8	11.2	11.0	10.6	10.3	—	—	—	—	—	—	—	—	—
21.0	11.4	11.2	10.8	10.5	10.0	—	—	—	—	—	—	—	—
21.2	11.6	11.4	11.0	10.7	10.2	—	—	—	—	—	—	—	—
21.4	11.8	11.6	11.2	10.9	10.4	10.0	—	—	—	—	—	—	—
21.6	12.0	11.8	11.4	11.0	10.6	10.2	—	—	—	—	—	—	—
21.8	12.3	12.1	11.7	11.3	10.8	10.5	10.1	—	—	—	—	—	—
22.0	12.5	12.2	11.9	11.5	11.0	10.6	10.2	—	—	—	—	—	—
22.2	12.7	12.4	12.1	11.7	11.2	10.8	10.4	10.0	—	—	—	—	—
22.4	13.0	12.7	12.4	12.0	11.4	11.0	10.7	10.3	10.0	—	—	—	—
22.6	13.2	12.9	12.5	12.1	11.6	11.2	10.8	10.4	10.2	—	—	—	—
22.8	13.4	13.1	12.7	12.3	11.8	11.4	11.0	10.6	10.3	—	—	—	—
23.0	13.7	13.4	13.0	12.6	12.1	11.6	11.2	10.8	10.5	10.1	—	—	—
23.2	13.9	13.6	13.2	12.8	12.2	11.8	11.4	11.0	10.7	10.3	10.0	—	—
23.4	14.1	13.8	13.4	13.0	12.4	12.0	11.6	11.2	10.9	10.4	10.2	—	—
23.6	14.4	14.1	13.7	13.2	12.7	12.2	11.8	11.4	11.1	10.7	10.4	10.1	—
23.8	14.6	14.3	13.9	13.4	12.8	12.4	12.0	11.5	11.2	10.8	10.5	10.2	—

平均回弹值 R_m	测区混凝土强度换算值 $f_{cu,i}^c$/MPa												
	平均碳化深度值 d_m/mm												
	0	0.5	1.0	1.5	2.0	2.5	3.0	3.5	4.0	4.5	5.0	5.5	≥6.0
24.0	14.9	14.6	14.2	13.7	13.1	12.7	12.2	11.8	11.5	11.0	10.7	10.4	10.1
24.2	15.1	14.8	14.3	13.9	13.3	12.8	12.4	11.9	11.6	11.2	10.9	10.6	10.3
24.4	15.4	15.1	14.6	14.2	13.6	13.1	12.6	12.2	11.9	11.4	11.1	10.8	10.4
24.6	15.6	15.3	14.8	14.4	13.7	13.3	12.8	12.3	12.0	11.5	11.2	10.9	10.6
24.8	15.9	15.6	15.1	14.6	14.0	13.5	13.0	12.6	12.2	11.8	11.4	11.1	10.7
25.0	16.2	15.9	15.4	14.9	14.3	13.8	13.3	12.8	12.5	12.0	11.7	11.3	10.9
25.2	16.4	16.1	15.6	15.1	14.4	13.9	13.4	13.0	12.6	12.1	11.8	11.5	11.0
25.4	16.7	16.4	15.9	15.4	14.7	14.2	13.7	13.2	12.9	12.4	12.0	11.7	11.2
25.6	16.9	16.6	16.1	15.7	14.9	14.4	13.9	13.4	13.0	12.5	12.2	11.8	11.3
25.8	17.2	16.9	16.3	15.8	15.1	14.6	14.1	13.6	13.2	12.7	12.4	12.0	11.5
26.0	17.5	17.2	16.6	16.1	15.4	14.9	14.4	13.8	13.5	13.0	12.6	12.2	11.6
26.2	17.8	17.4	16.9	16.4	15.7	15.1	14.6	14.0	13.7	13.2	12.8	12.4	11.8
26.4	18.0	17.6	17.1	16.6	15.8	15.3	14.8	14.2	13.9	13.3	13.0	12.6	12.0
26.6	18.3	17.9	17.4	16.8	16.1	15.6	15.0	14.4	14.1	13.5	13.2	12.8	12.1
26.8	18.6	18.2	17.7	17.1	16.4	15.8	15.3	14.6	14.3	13.8	13.4	12.9	12.3
27.0	18.9	18.5	18.0	17.4	16.6	16.1	15.5	14.8	14.6	14.0	13.6	13.1	12.4
27.2	19.1	18.7	18.1	17.6	16.8	16.2	15.7	15.0	14.7	14.1	13.8	13.3	12.6
27.4	19.4	19.0	18.4	17.8	17.0	16.4	15.9	15.2	14.9	14.3	14.0	13.4	12.7
27.6	19.7	19.3	18.7	18.0	17.2	16.6	16.1	15.4	15.1	14.5	14.1	13.6	12.9
27.8	20.0	19.6	19.0	18.2	17.4	16.8	16.3	15.6	15.3	14.7	14.2	13.7	13.0
28.0	20.3	19.7	19.2	18.4	17.6	17.0	16.5	15.8	15.4	14.8	14.4	13.9	13.2
28.2	20.6	20.0	19.5	18.6	17.8	17.2	16.7	16.0	15.6	15.0	14.6	14.0	13.3
28.4	20.9	20.3	19.7	18.8	18.0	17.4	16.9	16.2	15.8	15.2	14.8	14.2	13.5
28.6	21.2	20.6	20.0	19.1	18.2	17.6	17.1	16.4	16.0	15.4	15.0	14.3	13.6
28.8	21.5	20.9	20.2	19.4	18.5	17.8	17.3	16.6	16.2	15.6	15.2	14.5	13.8
29.0	21.8	21.1	20.5	19.6	18.7	18.1	17.5	16.8	16.4	15.8	15.4	14.6	13.9

平均回弹值 R_m	测区混凝土强度换算值 $f^c_{cu,i}$ /MPa												
	平均碳化深度值 d_m/mm												
	0	0.5	1.0	1.5	2.0	2.5	3.0	3.5	4.0	4.5	5.0	5.5	≥6.0
29.2	22.1	21.4	20.8	19.9	19.0	18.3	17.7	17.0	16.6	16.0	15.6	14.8	14.1
29.4	22.4	21.7	21.1	20.2	19.3	18.6	17.9	17.2	16.8	16.2	15.8	15.0	14.2
29.6	22.7	22.0	21.3	20.4	19.5	18.8	18.2	17.5	17.0	16.4	16.0	15.1	14.4
29.8	23.0	22.3	21.6	20.7	19.8	19.1	18.4	17.7	17.2	16.6	16.2	15.3	14.5
30.0	23.3	22.6	21.9	21.0	20.0	19.3	18.6	17.9	17.4	16.8	16.4	15.4	14.7
30.2	23.6	22.9	22.2	21.2	20.3	19.6	184.9	184.2	17.6	17.0	16.6	15.6	14.9
30.4	23.9	23.2	22.5	21.5	20.6	19.8	19.1	18.4	17.8	17.2	16.8	15.8	15.1
30.6	24.3	23.6	22.8	21.9	20.9	20.2	19.4	18.7	18.0	17.5	17.0	16.0	15.2
30.8	24.6	23.9	23.1	22.1	21.2	20.4	19.7	18.9	18.2	17.7	17.2	16.2	15.4
31.0	24.9	24.2	23.4	22.4	21.4	20.7	19.9	19.2	18.4	17.9	17.4	16.4	15.5
31.2	25.2	24.4	23.7	22.7	21.7	20.9	20.2	19.4	18.6	18.1	17.6	16.6	15.7
31.4	25.6	24.8	24.1	23.0	22.0	21.2	20.5	19.7	18.9	18.4	17.8	16.9	15.8
31.6	25.9	25.1	24.3	23.3	22.3	21.5	20.7	19.9	19.2	18.6	18.0	17.1	16.0
31.8	26.2	25.4	24.6	23.6	22.5	21.7	21.0	20.2	19.4	18.9	18.2	17.3	16.2
32.0	26.5	25.7	24.9	23.9	22.8	22.0	21.2	20.4	19.6	19.1	18.4	17.5	16.4
32.2	26.9	26.1	25.3	24.2	23.1	22.3	21.5	20.7	19.9	19.4	18.6	17.7	16.6
32.4	27.2	26.4	25.6	24.5	23.4	22.6	21.8	20.9	20.1	19.6	18.8	17.9	16.8
32.6	27.6	26.8	25.9	24.8	23.7	22.9	22.1	21.3	20.4	19.9	19.0	18.1	17.0
32.8	27.9	27.1	26.2	25.1	24.0	23.2	22.3	21.5	20.6	20.1	19.2	18.3	17.2
33.0	28.2	27.4	26.5	25.4	24.3	23.4	22.6	21.7	20.9	20.3	19.4	18.5	17.5
33.2	28.6	27.7	26.8	25.7	24.6	23.7	22.9	22.0	21.2	20.5	19.6	18.7	17.6
33.4	28.9	28.0	27.1	26.0	24.9	24.0	23.1	22.3	21.4	20.7	19.8	18.9	17.8
33.6	29.3	28.4	27.4	26.4	25.2	24.2	23.3	22.6	21.7	20.9	20.0	19.1	18.0
33.8	29.6	28.7	27.7	26.6	25.4	24.4	23.5	22.8	21.9	21.1	20.2	19.3	18.2
34.0	30.0	29.1	28.0	26.8	25.6	24.6	23.7	23.0	22.1	21.3	20.4	19.5	18.3
34.2	30.3	29.4	28.3	27.0	25.8	24.8	23.9	23.2	22.3	21.5	20.6	19.7	18.4

平均回弹值 R_m	测区混凝土强度换算值 $f^c_{cu,i}$ /MPa												
	平均碳化深度值 d_m/mm												
	0	0.5	1.0	1.5	2.0	2.5	3.0	3.5	4.0	4.5	5.0	5.5	≥6.0
34.4	30.7	29.8	28.6	27.2	26.0	25.0	24.1	23.4	22.5	21.7	20.8	19.8	18.6
34.6	31.1	30.2	28.9	27.4	26.2	25.2	24.3	23.6	22.7	21.9	21.0	20.0	18.8
34.8	31.4	30.5	29.2	27.6	26.4	25.4	24.5	23.8	22.9	22.1	21.2	20.2	19.0
35.0	31.8	30.8	29.6	28.0	26.7	25.8	24.8	24.0	23.2	22.3	21.4	20.4	19.2
35.2	32.1	31.1	29.9	28.2	27.0	26.0	25.0	24.2	23.4	22.5	21.6	20.6	19.4
35.4	32.5	31.5	30.2	28.6	27.3	26.3	25.4	24.4	23.7	22.8	21.8	20.8	19.6
35.6	32.9	31.9	30.6	29.0	27.6	26.6	25.7	24.7	24.0	23.0	22.0	21.0	19.8
35.8	33.3	32.3	31.0	29.3	28.0	27.0	26.0	25.0	24.3	23.3	22.2	21.2	20.0
36.0	33.6	32.6	31.2	29.6	28.2	27.2	26.2	25.2	24.5	23.5	22.4	21.4	20.2
36.2	34.0	33.0	31.6	29.9	28.6	27.5	26.5	25.5	24.8	23.8	22.6	21.6	20.4
36.4	34.4	33.4	32.0	30.3	28.9	27.9	26.8	25.8	25.1	24.1	22.8	21.8	20.6
36.6	34.8	33.8	32.4	30.6	29.2	28.2	27.1	26.1	225.4	24.4	23.0	22.0	20.9
36.8	35.2	34.1	32.7	31.0	29.6	28.5	27.5	26.4	25.7	24.6	23.2	22.2	21.1
37.0	35.5	34.4	33.0	31.2	29.8	28.8	27.7	26.6	25.9	24.8	23.4	22.4	21.3
37.2	35.9	34.8	33.4	31.6	30.2	29.1	28.0	26.9	26.2	25.1	23.7	22.6	21.5
37.4	36.3	35.2	33.8	31.9	30.5	29.4	28.3	27.2	26.5	25.4	24.0	22.9	21.8
37.6	36.7	35.6	34.1	32.3	30.8	29.7	28.6	27.5	26.8	25.7	24.2	23.1	22.0
37.8	37.1	36.0	34.5	32.6	31.2	30.0	28.9	27.8	27.1	26.0	24.5	23.4	22.3
38.0	37.5	36.4	34.9	33.0	31.5	30.3	29.2	28.1	27.4	26.2	24.8	23.6	22.5
38.2	37.9	36.8	35.2	33.4	31.8	30.6	29.5	28.4	27.7	26.5	25.0	23.9	22.7
38.4	38.3	37.2	35.6	33.7	32.1	30.9	29.8	28.7	28.0	26.8	25.3	24.1	23.0
38.6	38.6	37.5	36.0	34.1	32.4	31.2	30.1	29.0	28.3	27.0	25.5	247.4	23.2
38.8	39.1	37.9	36.4	34.4	32.7	31.5	30.4	29.3	28.5	27.2	25.8	24.6	23.5
39.0	39.5	38.2	36.7	34.7	33.0	31.8	30.6	29.6	28.8	27.4	26.0	24.8	23.7
39.2	39.9	38.5	37.0	35.0	33.3	32.1	30.8	29.8	29.0	27.6	26.2	25.0	24.0
39.4	40.3	38.8	37.3	35.3	33.6	32.4	31.0	30.0	29.2	27.8	26.4	25.2	24.2

平均回弹值 R_m	测区混凝土强度换算值 $f_{cu,i}^c$ /MPa												
	平均碳化深度值 d_m/mm												
	0	0.5	1.0	1.5	2.0	2.5	3.0	3.5	4.0	4.5	5.0	5.5	≥6.0
39.6	40.7	39.1	37.6	35.6	33.9	32.7	31.2	30.2	29.4	28.0	26.6	25.4	24.4
39.8	41.2	39.6	38.0	35.9	34.2	33.0	31.4	30.5	29.7	28.2	26.8	25.6	24.7
40.0	41.6	39.9	38.3	36.2	34.5	33.3	31.7	30.8	30.0	28.4	27.0	25.8	25.0
40.2	42.0	40.3	38.6	36.5	34.8	33.6	32.0	31.1	30.2	28.6	27.3	26.0	25.2
40.4	42.4	40.7	39.0	36.9	35.1	33.9	32.3	31.4	30.5	28.8	27.6	26.2	25.4
40.6	42.8	41.1	39.4	37.2	35.4	34.2	32.6	31.7	30.8	29.1	27.8	26.5	25.7
40.8	43.3	41.6	39.8	37.7	35.7	34.5	32.9	32.0	31.2	29.4	28.1	26.8	26.0
41.0	43.7	42.0	40.2	38.0	36.0	34.8	33.2	32.3	31.5	29.7	28.4	27.1	26.2
41.2	44.1	42.3	40.6	38.4	36.3	35.1	33.5	32.6	31.8	30.0	28.7	27.3	26.5
41.4	44.5	42.7	40.9	38.7	36.6	35.4	33.8	32.9	32.0	30.3	28.9	27.6	26.7
41.6	45.0	43.2	41.4	39.2	36.9	35.7	34.2	33.3	32.4	30.6	39.2	27.9	27.0
41.8	45.4	43.6	41.8	39.5	37.2	36.0	34.5	33.6	32.7	30.9	29.5	28.1	27.2
42.0	45.9	44.1	42.2	39.9	37.6	36.3	34.9	34.0	33.0	31.2	29.8	28.5	27.5
42.2	46.3	44.4	42.6	40.3	38.0	36.6	35.2	34.3	33.3	31.5	30.1	28.7	27.8
42.4	46.7	44.8	43.0	40.6	38.3	36.9	35.5	34.6	33.6	31.8	30.4	29.0	28.0
42.6	47.2	45.3	43.4	41.1	38.7	37.3	35.9	34.9	34.0	32.1	30.7	29.3	28.3
42.8	47.6	45.7	43.8	41.4	39.0	37.6	36.2	35.2	34.3	32.4	30.9	29.5	28.6
43.0	48.1	46.2	44.2	41.8	39.4	38.0	36.6	35.6	34.6	32.7	31.3	29.8	28.9
43.2	48.5	46.6	44.6	42.2	39.8	38.3	36.9	35.9	34.9	33.0	31.5	30.1	29.1
43.4	49.0	47.0	45.1	42.6	40.2	38.7	37.2	36.3	35.3	33.3	31.8	30.4	29.4
43.6	49.4	47.4	45.4	43.0	40.5	39.0	37.5	36.6	35.6	33.6	32.1	30.6	29.6
43.8	49.9	47.9	45.9	43.4	40.9	39.4	37.9	36.9	35.9	33.9	32.4	30.9	29.9
44.0	50.4	48.4	46.4	43.8	41.3	39.8	38.3	37.3	36.3	34.3	32.8	31.2	30.2
44.2	50.8	48.8	46.7	44.2	41.7	40.1	38.6	37.6	36.6	34.5	33.0	31.5	30.5
44.4	51.3	49.2	47.2	44.6	42.1	40.5	39.0	38.0	36.9	34.9	33.3	31.8	30.8
44.6	51.7	49.6	47.6	45.0	42.4	40.8	39.3	38.3	37.2	35.2	33.6	32.1	31.0

平均回弹值 R_m	测区混凝土强度换算值 $f_{cu,i}^c$ /MPa												
	平均碳化深度值 d_m/mm												
	0	0.5	1.0	1.5	2.0	2.5	3.0	3.5	4.0	4.5	5.0	5.5	≥6.0
44.8	52.2	50.1	48.0	45.4	42.8	41.2	39.7	38.6	37.6	35.5	33.9	32.4	31.3
45.0	52.7	50.6	48.5	45.8	43.2	41.6	40.1	39.0	37.9	35.8	34.3	32.7	31.6
45.2	53.2	51.1	48.9	46.3	43.6	42.0	40.4	39.4	38.3	36.2	34.6	33.0	31.9
45.4	53.6	51.5	49.4	46.6	44.0	42.3	40.7	39.7	38.6	36.4	34.8	33.2	32.2
45.6	54.1	51.9	49.8	47.1	44.4	42.7	41.1	40.0	39.0	36.8	35.2	33.5	32.5
45.8	54.6	52.4	50.2	47.5	44.8	43.1	41.5	40.4	39.3	37.1	35.5	33.9	32.8
46.0	55.0	52.8	50.6	47.9	45.2	43.5	41.9	40.8	39.7	37.5	35.8	34.2	33.1
46.2	55.5	53.3	51.1	48.3	45.5	43.8	42.2	41.1	40.0	37.7	36.1	34.4	33.3
46.4	56.0	53.8	51.5	48.7	45.9	44.2	42.6	41.4	40.3	38.1	36.4	34.7	33.6
46.6	56.5	54.2	52.0	49.2	46.3	44.6	42.9	41.8	40.7	38.4	36.7	35.0	33.9
46.8	57.0	54.7	52.4	49.6	46.7	45.0	43.3	42.2	41.0	38.8	37.0	35.3	34.2
47.0	57.5	55.2	52.9	50.0	47.2	45.2	43.7	42.6	41.4	39.1	37.4	35.6	34.5
47.2	58.0	55.7	53.4	50.5	47.6	45.8	44.1	42.9	41.8	39.4	37.7	36.0	34.8
47.4	58.5	56.2	53.8	50.9	48.0	46.2	44.5	43.3	42.1	39.8	38.0	36.3	35.1
47.6	59.0	56.6	54.3	51.3	48.4	46.6	44.8	43.7	42.5	40.1	38.4	36.6	35.4
47.8	59.5	57.1	54.7	51.8	48.8	47.0	45.2	44.0	42.8	40.5	38.7	36.9	35.7
48.0	60.0	57.6	55.2	52.2	49.2	47.4	45.6	44.4	43.2	40.8	39.0	37.2	36.0
48.2	—	58.0	55.7	52.6	49.6	47.8	46.0	44.8	43.6	41.1	39.3	37.5	36.3
48.4	—	58.6	56.1	53.1	50.0	48.2	46.4	45.1	43.9	41.5	39.6	37.8	36.6
48.6	—	59.0	56.6	53.5	50.4	48.6	46.7	45.5	44.3	41.8	40.0	38.1	36.9
48.8	—	59.5	57.1	54.0	50.9	49.0	47.1	45.9	44.6	42.2	40.3	38.4	37.2
49.0	—	60.0	57.5	54.4	51.3	49.4	47.5	46.2	45.0	42.5	40.6	38.8	37.5
49.2	—	—	58.0	54.8	51.7	49.8	47.9	46.6	45.4	42.8	41.0	39.1	37.8
49.4	—	—	58.5	55.3	52.1	50.2	48.3	47.1	45.8	43.2	41.3	39.4	38.2
49.6	—	—	58.9	55.7	52.5	50.6	48.7	47.4	46.2	43.6	41.7	39.7	38.5
49.8	—	—	59.4	56.2	53.0	51.0	49.1	47.8	46.5	43.9	42.0	40.1	38.8

平均回弹值 R_m	测区混凝土强度换算值 $f^c_{cu,i}$ /MPa												
	平均碳化深度值 d_m/mm												
	0	0.5	1.0	1.5	2.0	2.5	3.0	3.5	4.0	4.5	5.0	5.5	≥6.0
50.0	—	—	59.9	56.7	53.4	51.4	49.5	48.2	46.9	44.3	42.3	40.4	39.1
50.2	—	—	—	57.1	53.8	51.9	49.9	48.5	47.2	44.6	42.6	40.7	39.4
50.4	—	—	—	57.6	54.3	52.3	50.3	49.0	47.7	45.0	43.0	41.0	39.7
50.6	—	—	—	58.0	54.7	52.7	50.7	49.4	48.0	45.4	43.4	41.4	40.0
50.8	—	—	—	58.5	55.1	53.1	51.1	49.8	48.4	45.7	43.7	41.7	40.3
51.0	—	—	—	59.0	55.6	53.5	51.5	50.1	48.8	46.1	44.1	42.0	40.7
51.2	—	—	—	59.4	56.0	54.0	51.9	50.5	49.2	46.4	44.4	42.3	41.0
51.4	—	—	—	59.9	56.4	54.4	52.3	50.9	49.6	46.8	44.7	42.7	41.3
51.6	—	—	—	—	56.9	54.8	52.7	51.3	50.0	47.2	45.1	43.0	41.6
51.8	—	—	—	—	57.3	55.2	53.1	51.7	50.3	47.5	45.4	43.3	41.8
52.0	—	—	—	—	57.8	55.7	53.6	52.1	50.7	47.9	45.8	43.7	42.3
52.2	—	—	—	—	58.2	56.1	54.0	52.5	51.1	48.3	46.2	44.0	42.6
52.4	—	—	—	—	58.7	56.5	54.4	53.0	51.5	48.7	46.5	44.4	43.0
52.6	—	—	—	—	59.1	57.0	54.8	53.4	51.9	49.0	46.9	44.7	43.3
52.8	—	—	—	—	59.6	57.4	55.2	53.8	52.3	49.4	47.3	45.1	43.6
53.0	—	—	—	—	60.0	57.8	55.6	54.2	52.7	49.8	47.6	45.4	43.9
53.2	—	—	—	—	—	58.3	56.1	54.6	53.1	50.2	48.3	45.8	44.3
53.4	—	—	—	—	—	58.7	56.5	55.0	53.5	50.5	48.3	46.1	44.6
53.6	—	—	—	—	—	59.2	56.9	55.4	53.9	50.9	48.7	46.4	44.9
53.8	—	—	—	—	—	59.6	57.3	55.8	54.3	51.3	49.0	46.8	45.3
54.0	—	—	—	—	—	—	57.8	56.3	54.7	51.7	49.4	47.1	45.6
54.2	—	—	—	—	—	—	58.2	56.7	55.1	52.1	49.8	47.5	46.0
54.4	—	—	—	—	—	—	58.6	57.1	55.6	52.5	50.2	47.9	46.3
54.6	—	—	—	—	—	—	59.1	57.5	56.0	52.9	50.5	48.2	46.6

平均回弹值 R_m	测区混凝土强度换算值 $f^c_{cu,i}$/MPa												
	平均碳化深度值 d_m/mm												
	0	0.5	1.0	1.5	2.0	2.5	3.0	3.5	4.0	4.5	5.0	5.5	≥6.0
54.8	—	—	—	—	—	—	59.5	57.9	56.4	53.2	50.9	48.5	47.0
55.0	—	—	—	—	—	—	59.9	58.4	56.8	53.6	51.3	48.9	47.3
55.2	—	—	—	—	—	—	—	58.8	57.2	54.0	51.6	49.3	47.7
55.4	—	—	—	—	—	—	—	59.2	57.6	54.4	52.0	49.6	48.0
55.6	—	—	—	—	—	—	—	59.7	58.0	54.8	52.4	50.0	48.4
55.8	—	—	—	—	—	—	—	—	58.5	55.2	52.8	50.3	48.7
56.0	—	—	—	—	—	—	—	—	58.9	55.6	53.2	50.7	49.1
56.2	—	—	—	—	—	—	—	—	59.3	56.0	53.5	51.1	49.4
56.4	—	—	—	—	—	—	—	—	59.7	56.4	53.9	51.4	49.8
56.6	—	—	—	—	—	—	—	—	—	56.8	54.3	51.8	50.1
56.8	—	—	—	—	—	—	—	—	—	57.2	54.7	52.2	50.5
57.0	—	—	—	—	—	—	—	—	—	57.6	55.1	52.5	50.8
57.2	—	—	—	—	—	—	—	—	—	58.0	55.5	52.9	51.2
57.4	—	—	—	—	—	—	—	—	—	58.4	55.9	53.3	51.6
57.6	—	—	—	—	—	—	—	—	—	58.9	56.3	53.7	51.9
57.8	—	—	—	—	—	—	—	—	—	59.3	56.7	54.0	52.3
58.0	—	—	—	—	—	—	—	—	—	59.7	57.0	54.4	52.7
58.2	—	—	—	—	—	—	—	—	—	—	57.4	54.8	53.0
58.4	—	—	—	—	—	—	—	—	—	—	57.8	55.2	53.4
58.6	—	—	—	—	—	—	—	—	—	—	58.2	55.6	53.8
58.8	—	—	—	—	—	—	—	—	—	—	58.6	55.9	54.1
59.0	—	—	—	—	—	—	—	—	—	—	59.0	56.3	54.5
59.2	—	—	—	—	—	—	—	—	—	—	59.4	56.7	54.9
59.4	—	—	—	—	—	—	—	—	—	—	59.8	57.1	55.2
59.6	—	—	—	—	—	—	—	—	—	—	—	57.5	55.6
59.8	—	—	—	—	—	—	—	—	—	—	—	57.9	56.0
60.0	—	—	—	—	—	—	—	—	—	—	—	58.3	56.4

参考标准规范

[1] JTG B01—2003 公路工程技术标准. 北京：人民交通出版社，2003.

[2] JTJ 014—97 公路沥青路面设计规定. 北京：人民交通出版社，1997.

[3] GB 50092—96 沥青路面施工及验收规范. 北京：中国计划出版社，1997.

[4] JTG E20—2011 公路工程沥青及沥青混合料试验规程. 北京：人民交通出版社，2011.

[5] GB 50119—2003 混凝土外加剂应用技术规范. 北京：中国建筑工业出版社，2003.

[6] GB/T 50107—2010 混凝土强度检验评定标准. 北京：中国计划出版社，2010.

[7] GB 50164—92 混凝土质量控制标准. 北京：中国计划出版社，1992.

[8] GB/T 5080—2002 混凝土拌和物性能试验方法标准. 北京：中国建筑工业出版社，2003.

[9] GB/T 50081—2002 普通混凝土力学性能试验方法标准. 北京：中国建筑工业出版社，
2003.

[10] JGJ 55—2011 普通混凝土配合比设计规程. 北京：中国建筑工业出版社，2011.

[11] GB 50204—2002 混凝土结构工程施工质量验收规范. 北京：中国建筑工业出版社，
2002.

[12] JGJ 63—2006 混凝土拌和用水标准. 北京：中国建筑工业出版社，2006.

[13] JTG E30—2005 公路工程水泥及水泥混凝土试验规程. 北京：人民交通出版社，2005.

[14] JTG F30—2003 公路水泥混凝土路面施工技术规范. 北京：人民交通出版社，2003.

[15] GB/T 1346—2011 水泥标准稠度用水量、凝结时间、安定性检验方法. 北京：中国标准
出版社，2011.

[16] GB 1499.1—2008 钢筋混凝土用热孔带肋钢筋. 北京：中国标准出版社，2008.

[17] GB 1499.2—2007 钢筋混凝土用热孔带肋钢筋. 北京：中国标准出版社，2007.

[18] GB/T 232—2010 金属材料弯曲试验方法. 北京：中国标准出版社，2010.

[19] GB/T 14685—2011 建筑用碎石、卵石. 北京：中国标准出版社，2011.

[20] JTG E40—2005 公路工程岩石试验规程. 北京：人民交通出版社，2005.

[21] JTG E42—2005 公路工程集料试验规程. 北京：人民交通出版社，2005.

[22] JTJ 034—2000 公路路面基层施工技术规范. 北京：人民交通出版社，2000.

[23] GB 175—2007 通用硅酸盐水泥. 北京：中国标准出版社，2007.

[24] JTG E40—2007 公路土工试验规程. 北京：人民交通出版社，2007.

[25] GB/T 17671—1999 水泥胶砂强度检验方法（ISO 法）. 北京：中国标准出版社，1999.

[26] JGJ/T 98—2010 砌筑砂浆配合比设计规程. 北京：中国建筑工业出版社，2010.

[27] JTG F40—2004 公路沥青路面施工技术规范. 北京：人民交通出版社，2004.

[28] JTG E60—2008 公路路基路面现场检测规程. 北京：人民交通出版社，2008.

[29] JGJ 52—2006 普通混凝土用砂、石质量及检验方法标准. 北京：中国建筑工业出版社，2006.

[30] GB/T 230.1—2009 金属洛氏硬度试验. 北京：中国标准出版社，2009.

[31] JGJT 70—2009 建筑砂浆基本性能试验方法标准. 北京：中国建筑工业出版社，2009.